现场运行人员继电保护
实 用 知 识

主 编 张慧卿
副主编 李国武 任 俊

中国电力出版社
CHINA ELECTRIC POWER PRESS

内 容 提 要

本书结合电网发展和继电保护系统实际,主要围绕继电保护相关问题展开,共分十章。第一章为10kV线路保护,第二章为并联电容器保护,第三章为110kV线路微机保护,第四章为220kV系统继电保护,第五章为变压器继电保护,第六章为断路器二次回路,第七章为电流互感器,第八章为电压互感器,第九章为现场作业安全措施,第十章为"继电保护和电网安全自动装置现场工作保安规定"解读。

本书分析讲解方法深入透彻、图文并茂。在讲解设备二次回路、继电保护逻辑框图和试验方法时,力求与图形(二次回路图、逻辑框图、试验接线图等)结合起来,使得理论分析与技术讲解更为清晰、有序,逻辑性更强。本书可供从事继电保护相关专业的人员阅读使用。

图书在版编目(CIP)数据

现场运行人员继电保护实用知识/张慧卿主编 . —北京:中国电力出版社,2019.12
ISBN 978-7-5198-3657-3

Ⅰ . ①现… Ⅱ . ①张… Ⅲ . ①电力系统—继电保护—基本知识 Ⅳ . ① TM77

中国版本图书馆 CIP 数据核字(2019)第 192242 号

出版发行:中国电力出版社
地　　址:北京市东城区北京站西街 19 号(邮政编码 100005)
网　　址:http://www.cepp.sgcc.com.cn
责任编辑:宋红梅　代　旭
责任校对:黄　蓓　常燕昆
装帧设计:王红柳
责任印制:吴　迪

印　　刷:三河市万龙印装有限公司
版　　次:2020 年 1 月第一版
印　　次:2020 年 1 月北京第一次印刷
开　　本:787 毫米 ×1092 毫米　16 开本
印　　张:10.75
字　　数:220 千字
印　　数:0001—3000 册
定　　价:40.00 元

前 言

　　随着电网设备容量的不断提高，电网规模也在发生着日新月异的变化，电网结构日益复杂，大规模广泛互联、远距离超高压、特高压输电技术逐步应用。继电保护和安全自动装置是保证电力设备安全，防止大面积停电的最有效手段，电网的发展对电力系统继电保护技术和管理提出了更高的要求。特别是随着继电保护新技术、新原理、新装置不断地出现，继电保护队伍的精益化建设要求迫切，一批能够胜任继电保护现场工作的人员将是推进整个电网发展、保障电网安全稳定的基石，这种理念已经被越来越多的电网建设和运行维护者认同。

　　本书结合电网发展和继电保护系统实际，总结归纳多年的继电保护实用化技术发展情况、继电保护设备运行维护实践以及继电保护系统的建设和改造实践，切实做到理论联系实际；同时，注重继电保护发展的"微机化、智能化、信息化"趋势，充分反映现场继电保护人员的需要，力求"前瞻、实用、有用"。

　　本书内容丰富，涉及继电保护建设、运行维护、技术改造各环节现场技术要求，涉及继电保护系统构成的各类设备，包括电流互感器、电压互感器的基本原理及接线方式，提出现场运行维护需要关注的技术问题，按照电压等级层次和设备类型，以模块化的体系结构，分析并阐述了各电压等级设备继电保护的配置情况、基本原理、运行维护技术和现场管理注意事项。另外，根据继电保护安全管理要求，结合继电保护规程、规定和反措，对继电保护运行管理技术基础知识进行分析讲解。

　　本书力求贴近继电保护系统的现场运行实践。以实际应用为主线，按照运行维护技术和技能要求，由浅入深展开论述，本书注重理论联系实际。既有继电保护理论基础的讲述，又广泛结合继电保护现场运行实践，实现两者完美的结合，保障理论分析落地有声，确保现场技术分析与讲解依据充分、体系完善，解决了单独学习理论枯燥无味、单纯分析现场运管技术体系不清的问题。

　　本书共 10 章。第一章、第二章由张帆编写；第三章、第四章由李国武编写；第五章、第六章由任俊编写；第七章、第八章由李剑峰编写；第九章、第十章由张慧卿编写。张慧卿担任主编并对全书进行了审核，李国武、任俊担任副主编。本书的出版必将有助于推进现场人员更完整的了解、掌握继电保护系统的基本原理、运行维护知识和操作技能，有助于提高现场技术人员的技术和技能水平，为提升现场继电保护运行管理水平、提升电网安全稳定运行水平奠定基础。

由于编写人员水平有限，书中难免有疏漏之处，恳请读者指正。

编　者

2019 年 4 月

目录

现场运行人员继电保护
实 用 知 识

第一章　10kV 线路保护

10kV 线路在农电及配电网络中，具有举足轻重的地位。当前一次系统网架结构日益完善、合理，逐步实现保护装置的微机化。随着智能电网的建设与发展，10kV 配电网智能化建设已成为重要的课题。

电力系统继电保护作为电力系统的控制、保护和智能化的主体，应根据一次系统的发展做出相应的调整，应配置更为合理、经济的继电保护及安全自动装置。

本章主要讲解 10kV 线路保护配置的继电保护装置，第一节讲传统的电磁型线路保护，这是保护发展的类型和原理基石，是所有继电保护初级工应该掌握的基础知识，主要讲解保护的基本原理、基本接线方式、交直流回路基本元件及相关参数。第二节主要是结合现在系统中广泛应用的 10kV 微机型线路保护装置［南京南瑞继保电气有限公司（南瑞公司）产品 RCS-9611 型线路保护装置］，讲解微机型保护的基本原理、基本结构、原理框图及符号意义，典型操作插件的基本构成原理，最后讲解 RCS-9611 线路保护的调试内容及主要调试方法。第三节讲 10kV 电磁型断路器基本原理。

通过这一讲的学习，让继电保护专业的新入厂职工对继电保护工作有了概念和技术上的理解，初步了解 10kV 线路保护的配置原则、工作方式。

第一节　10kV 电磁型线路保护

10kV 线路保护主要采用简单的电流保护，既可保证选择性和足够的灵敏度，同时也符合电网建设的经济原则，保护配置主要包括：电流速断保护、过电流保护、重合闸，在系统需要低频动作保证频率稳定的情况下，还包含同一电压等级共用的低频保护（在电磁型保护配置情况下，采用集中式按频率减负荷装置），根据低频方案的整定，作用于相应线路跳闸。另外 10kV 系统中还配置有小电流接地选线装置，但一般在系统中投入使用的较少，本章仅作概念性讲解。

一、10kV 线路保护使用的 TA（电流互感器）

继电保护装置是通过电流互感器对一次系统的运行状况进行测量，根据测量值与整定值比较的结果，确定其动作行为，如跳闸或发信号。所以 TA 在电网保护中的有重要的作用，电流互感器的基本工作原理（电磁感应，磁动势平衡）、电流互感器的作用（变换、隔离）在很多资料上有详细叙述，此处不做过多描述，重点对 TA 的现场应用方法和注意事项的进行讲解。

1. TA 极性测定

现场 TA 极性试验中，我们多采用"瞬时极性测定法"，以"减极性"原则标注（一次电流流入的端子和二次电流流出的端子为同极性端子）。

试验所用仪器仪表、参数如下，接线如图 1-1 所示。

（1）干电池组或直流电瓶，端电压的大小根据 TA 一次交流阻抗、变比等因素而定；

（2）直流电流表：C31-A（7.5MA—30A）型直流电流表（可用 MF-10 万用表代替）。

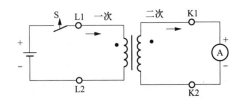

图 1-1　电流互感器极性试验接线图

一次侧 L1 接电池正极，K1 接电流表正极，开关 S 从断到通，若电流表指针正向偏转，说明 L1 与 K1 为同极性端子。

虽然在 10kV 线路保护中，由于 TA 极性造成的事故和异常运行相对较少（无方向判别式保护），但在电流互感器的两相三继电器式接线方式中，极性问题是值得注意的，若发生极性接反的情况，可能造成保护的误动作，如图 1-2 和图 1-3 所示。

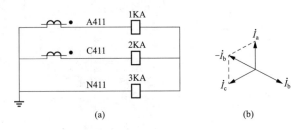

图 1-2　两相三继电器正确接线及相量图

（a）接线图；（b）相量图

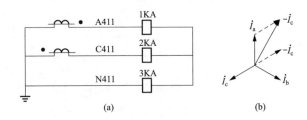

图 1-3　两相三继电器错误接线及相量图

（a）接线图；（b）相量图

图 1-2 中，在正常运行情况下，电流继电器 3KA 中流过的是 A、C 两相电流之和，根据相量图的分析，3KA 中流过的电流为 $-\dot{I}_B$ 电流，反应正常运行时 B 相电流的大小，由于过电流保护的定值是按照躲过最大负荷电流整定的（并考虑一定的可靠系数），保护不会误动作。在故障时，对于某些接线方式可以提高保护动作的灵敏度（如，Y/d 变压器 d 侧 AB 相间短路）。

图 1-3 中，若 C 相电流互感器的极性接反，这时流过电流继电器 3KA 的电流为 $\dot{I}_a$ 与 $-\dot{I}_c$ 电流之和，根据相量图的分析，正常运行情况下，3KA 中的电流为负荷电流的 $\sqrt{3}$ 倍，正常运行情况下，可能造成保护误动作，所以在两相三继电器接线方式中，电流互感器的极性正确与否，直接影响过电流保护的动作行为。

2. TA 变比的测定

TA 变比是关系到保护动作行为的一个重要参数，它不仅关系着继电保护定值的整定，更重要的是测定正确的变比是确保电力系统安全运行的重中之重。在系统中也发生过由于变比选择错误造成的不正确动作事故。下面我们以 10kV TA 为例介绍 TA 变比测量的基本方法，其他电压等级的 TA 变比测量方法一样。

图 1-4 是系统广泛应用的 10kV TA，如测量 1K 线圈的变比时，在一次侧通入电流，并测量其大小 I_1（有效值），然后在 TA 的二次侧（1K1，1K2）接交流电流表，测量二次侧相应电流的大小 I_2（有效值），则其变比 $K = I_1/I_2$。

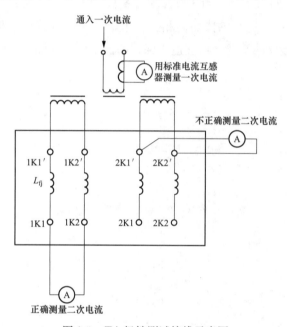

图 1-4　TA 极性测试接线示意图

测量方法是比较简单的，但在测量方法上有如下几个值得注意的问题。

（1）正确、合理使用测量设备及仪器仪表：在测量中，一次绕组需要通入很大的电流，因现场的设备无法提供足够大的电流值，故而在一次侧电流输入回路中使用升流器（一般容量较大，其二次可产生很大的电流）确保一次电流的精度范围。另外，由于一次电流较大，没有可以直接测量的仪表，在试验中我们采用了标准 TA 间接测量的方法（标准 TA 是一个变比已知的高精度电流互感器）。

（2）采用标准 TA 测量电流互感器变比时的计算方法：设接于标准 TA 二次侧的电流表指示为 I_1，接于互感器二次绕组的电流表指示为 I_2，标准 TA 的变比为 K'，则被测互感器的变比为 $K = (K'I_1)/I_2$，其中 $K'I_1$ 为通入电流互感器一次侧的电流。

（3）掌握正确的测量方法：如图 1-4 中所示，测量 K1 线圈变比的方法是正确的，而测量 K2 线圈变比的方法中，电流表的接线位置是错误的，测量结果并不是 TA 的真正变比，因为我们可以发现二次绕组匝数中少了附加线圈（L_{fj}）部分（由于二次绕组匝数变少，使测量变比小于实际变比），而使用变比（铭牌标定值）是包括附加线圈的。

3. 伏安特性检查

在 TA 的试验中，伏安特性的检查是其中的重要部分，其目的是检验电流互感器的励磁特性，确保在正常运行及故障状态下保证足够的测量精度。测量方法是从互感器的二次绕组通入不同的电流值，测量相应的端口电压值，绘成直角坐标曲线。如图 1-5 所示。

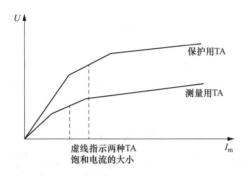

图 1-5　TA 不同类型二次绕组伏安特性示意图

从图 1-5 中我们可以发现测量用 TA 二次绕组比保护用 TA 二次绕组的伏安特性低，其原因根据其工作条件即可分析出来，测量用 TA 二次绕组只需要保证正常运行时的测量精度（5A 以下）即可，而保护用 TA 二次绕组必须保证在很大故障电流情况下的测量精度，故相应伏安特性相对较高（即通入相应的二次电流时，其端口电压较高）。这是我们在实际工作中应注意的问题，如果两者使用错误，在正常运行中，保护级 TA 不能保证测量的精度，影响用户或电网的经济效益。在故障情况下，测量级 TA 严重饱和，影响保护的动作行为，危及系统的安全稳定运行。

另外，对于 TA 的试验项目，还包括绝缘、直阻等，方法简单，在此不再描述，工作中能正确测量即可。

二、10kV 保护二次回路

在传统的电磁式保护中，基本元器件（继电器、测量仪表等）加上合理正确的回路配置才构成完善的保护系统，完成相应的保护功能，所以对回路结构的认知与分析，是继电保护专业人员的基本技能，是每一位从事继电保护专业工作人员应具备的基本素质。尽管当今微机保护的发展突飞猛进、日新月异，保护功能由软件逻辑实现，回路变的越来越简单，但继电保护二次回路相关工作依然是继电保护专业人员工作的主要部分，回路的正确性是装置正常运行的保障和前提。下面我们以电磁式10kV 线路保护（包括重合闸）为例介绍简单保护二次回路的构成及其中元件的参数要求及选择方法。

1. 交流回路

保护的交流回路包括两个部分：交流电流回路和交流电压回路，在 10kV 保护中我们只有电流测量元件，故在此我们重点介绍交流电流回路，交流电压回路在以后的章节中予以详述。

在交流电流回路的讲解中，以图 1-6、图 1-7 为例，介绍电流回路的构成方法及回路编号原则。

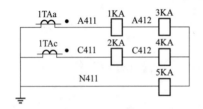 

图 1-6　交流电流回路接线示意图一　　　图 1-7　交流电流回路接线示意图二

（1）从回路的构成来讲，可以发现不同的保护元件（如图 1-6 中的不同的保护继电器）和测量元件（如图 1-7 中的电流表和电能表）可以公用一组电流互感器，示意图的连接是比较简单的，但在实际应用中，不同的元件可能在不同的屏柜上布置，需用电缆互相连接构成回路，这就要求工作人员要不断培养图纸和实际接线的对照能力，这方面要在实践中不断的学习和磨炼。

（2）电流回路的编号原则：①交流回路按相别顺序编号，它除用 3 位数字编号外，还加有文字标号以示区别。例如 A411、B411、C411，当电流互感器二次组别较多时，也可以用 4 位数字编号。②电流回路的数字标号，一般以十个数字为一组，如 A401～A409 供一组互感器二次侧的不同连接点使用。③回路编号中各位数字的意义，以 A411 为例，A——相别；4——电流回路标志；1——第一组电流互感器 1LH；1——电流互感器二次绕组引出的第一个连接点。④互感器组别与回路编号的对应原则。

2. 直流回路

电磁式 10kV 线路保护直流回路图见图 1-8。

以下简要介绍电磁式继电保护的动作情况和三相一次重合闸的工作方式。

（1）元件参数的配置和选择。

1）电流继电器。

1KA、2KA 为电流速断保护用继电器，定值按躲过本线路末端最大短路电流整定，电流速断保护受系统运行方式的影响较大，一般要求其在最小运行方式下有 15% 及以上的保护范围才具备实用性。

3KA、4KA、5KA 为过电流保护继电器，定值按躲过本线路最大负荷电流整定，当灵敏度不够时，可增加低电压闭锁，这时过电流保护定值可按躲过额定电流整定。

对电流和电压继电器，要求继电保护动作值误差小于 5%，这一要求主要是确保保护的动作范围，防止发生拒动或超越现象，也保证了各级保护之间的配合准确性。对过量型继电器（过电流、过电压），返回系数在 0.8～0.9。

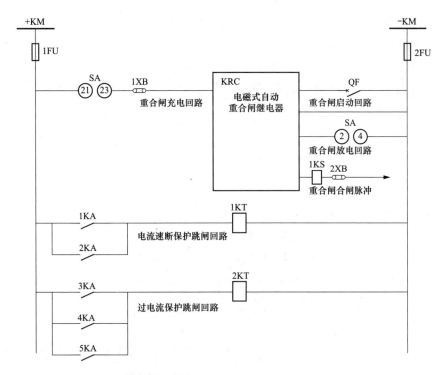

图 1-8 电磁式 10kV 线路保护直流回路

2）KRC-电磁式自动重合闸继电器。

合闸脉冲由继电器内部的电容器放电产生。另外，电容器的充放电回路满足"充电慢、放电快"的特性，这是保证只进行一次重合的关键。放电后，必须经过 15～25s 的充电时间后，才能进行再次重合。

3）1KT、2KT-时间继电器。

建立保护动作逻辑所需要的时间，实现各级保护之间的配合。

（2）保护及重合闸动作情况分析。

1）正常运行状态。

在正常运行状态下，控制开关和断路器处于对应的合闸位置，控制开关 SA 的 21-23 触点闭合，2-4 触点断开，电磁式自动重合闸继电器处于重合闸准备状态，"充电灯"亮。

2）线路发生故障。

当线路发生故障时，过电流保护动作，将断路器跳开，断路器辅助触点 QF 动作，实现重合闸启动，重合闸继电器内部电容放电，产生合闸脉冲。

3）线路上发生永久性故障。

当线路上发生永久性故障时，重合闸进行一次重合后，由于线路故障继续存在，保护再次动作，跳开断路器，虽然这时断路器辅助触点 QF 再次动作，但由于重合闸继电器内部电容 C 的充电时间不足（只有从第一次重合脉冲使断路器合闸后到保护第二次跳开开关为止的时间），电容器的充电电压不足以使重合闸继电器 KRC 再次动作，故不会进行第二次重合。

4）手动跳闸。

手动跳闸时，重合闸不动作。手动跳闸，控制开关 SA 的 2-4 触点接通，重合闸继电器 KRC 内部电容器 C 放电，重合闸不会动作。另外，其他闭锁重合闸的条件（如断路器操动机构压力降低、操动机构弹簧未储能、低频动作等），其触点也并联于控制开关 SA 的 2-4 触点之间，实现上述情况下对电容 C 的放电。

数字式电压继电器为什么要求返回系数在 0.95 以上？

答：当系统中投入电容器时，系统母线电压会有一段时间维持高电压，且下降的速度比较缓慢，这时过电压继电器可能动作，又将电容器切除，造成投入不成功。故而提出提高过电压继电器的返回系数，就是在上述情况下，较高的返回系数使继电器较快的返回（在较高的母线电压情况下），保证电容器可靠的投入运行。

第二节　10kV 微机型线路保护

随着科学技术的发展和进步，微机保护凭借其较高的可靠性、灵敏度和整定、配合的灵活性，在现场得到广泛的应用。我国在主网及配电网变电站中，全面进行了 10、35kV 保护改造工程，实现了保护装置的微机化。

目前，电网运用较多的保护类型有南京南瑞继保电气有限公司、北京四方继保自动化股份有限公司等多家产品，通过保护微机化改造，为运行维护工作带来了很大的方便，处缺工作量明显减少。本节主要以 RCS-9611C 保护为依据，讲解微机保护的相关内容，为今后的微机保护学习奠定基础。

1. 软件配置

本装置主要用于 110kV 以下电压等级的非直接接地系统或小电阻接地系统中的线路的保护及测控要求，主变压器包括以下功能：

（1）三段可经复压和方向闭锁的过电流保护。速断保护，通过时间整定实现 0s 速断保护，保证继电保护动作的快速性；限时电流速断保护，按躲过下一线路一段保护范围整定，与本线路的速断保护构成全线主保护；另外，复合电压闭锁元件及方向闭锁元件均可以通过控制字进行投退。

（2）三段零序过电流保护。适用于经小电阻接地系统中的单相接地保护故障判别，另外也可作为其他小电流接地系统中容性电流的测量，辅助进行接地故障的判断。

（3）过电流加速保护和零序加速保护（零序电流可自产也可采用外附）。独立加速段（不是传统的加速二段或三段），在手动合闸和重合闸后，自动投入 3s。

（4）过负荷功能（报警或者跳闸）可以通过控制字选择动作方式。

（5）低频减载功能。配置分散式低频保护，与传统的低频保护不同（传统的低频保护由两只低频继电器检查母线电压，然后按固定的动作行为切除相应的线路），而该装置的低频保护集成于微机保护装置之中，作为线路保护的一部分。

（6）三相一次重合闸。重合闸加速可选择是重合闸前加速还是重合闸后加速，可实现检线路无压重合，在配电网中一般使用重合闸不检的方式。

（7）小电流接地选线功能。必须采用外加零序电流，因为不接地系统发生单相接地故障时，接地故障电流很小，为系统不同部分对地电容电流，用于电流保护的较大变比的 TA 不能精确反应如此小的电流，所以必须选用专用的变比比较小的电流互感器，反应单相接地时的对地电容电流。

2. 硬件配置

外部电流和电压互感器二次量输入经装置内隔离互感器隔离变换后，变换成适合微机保护装置的小电流和低电压，由低通滤波器输入至模数转换器，CPU 经过数字采样处理后，组成各种继电器。

本装置保护用电流为三相输入式，I_A、I_B、I_C 为保护用三相电流输入。当用于小电流接地系统时，B 相电流可不接，因为同一不接地系统所有元件选用同名两相电流接入各自保护装置时（一般均选取 A、C 相），保护装置能反映同一线路的各种相间故障、两相接地短路和三相短路形式，同时也能反映不同线路之间的异名相的跨线故障。测量用电流采用两相式，I_{am}、I_{cm} 为测控电流输入，要求接入测量级 TA（0.5级），如图 1-9 所示的 RCS-9611C 交流输入配置。

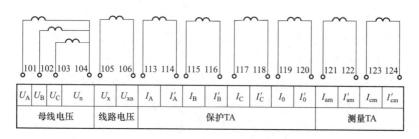

图 1-9　RCS-9611C 交流输入配置

U_A、U_B、U_C 为母线电压，在本装置中保护和测量公用，目前低压线路保护一般采用未经任何闭锁的过电流保护，保护电压用于测量和低频减载功能。

U_X 为线路电压，在重合闸检线路无压和检同期时使用。若不投重合闸或者重合闸采用不检方式，U_X 可以不接。

3. 逻辑回路动作分析

在这一部分中，具体介绍 RCS-9611 的动作过程和逻辑，重点培养职工针对于不同故障分析保护动作行为的能力。要求继电保护人员应该针对装置告警的具体内容，确定系统中发生的异常现象或确定装置自身发生的某些异常情况。

（1）启动回路分析。启动回路的作用是满足启动条件时，开放整套保护装置出口继电器正电源，从逻辑图 1-10 RCS-9611C 独立启动逻辑中可以看出，装置的启动条件有六个，分别对应于装置的不同功能：

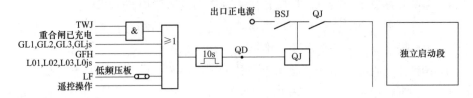

图 1-10　RCS-9611C 独立启动逻辑

1）跳闸位置继电器（TWJ＝1）和"重合闸已充电"组成"与"关系，这是作为自动重合闸的启动条件；

2）电流 1，2，3 段（GL1，GL2，GL3）及加速段（GLjs）动作，作为过电流保护和后加速的启动条件；

3）过负荷动作，作为过负荷的启动条件；

4）零序电流 1、2、3 段（L01、L02、L03）及零序加速段（L0js），作为零序电流保护的启动条件；

5）低频条件（LF）满足（具体条件在下面将详细介绍），作为低频减载功能的启动条件；

6）遥控操作，对遥控合闸及分闸继电器出口继电器开放正电源。因为本装置设计时遥控分与遥控合出口继电器同样经启动继电器控制正电源，防止由于遥控分与遥控合出口继电器的单一异常造成的误动作。

以上六个启动条件任一满足后，令启动继电器（QJ）动作，并展宽 10s，启动继电器的触点接通跳合闸出口继电器的正电源（＋24V）。

（2）三段可经复压和方向闭锁的过电流保护。过电流各段均可经方向及复压元件控制，并可由控制字整定各段的方向及复压（负序电压和低电压）闭锁需求，方向元件的灵敏角为 45°，采用 90°接线方式。方向元件和电流元件接成按相启动方式（即同相方向元件与同相电流元件按照"与"逻辑配置）。方向元件带有记忆功能，可消除近处三相短路时方向元件的死区。由图 1-11 可以看出，该保护为三相三继电器式，当电力系统发生故障时，任一相短路电流大于整定值（一段或二段或三段），同时启动条件满足，若这时过电流一段投入（GL1＝1）或过电流二段投入（GL2＝1）或过电流三段投入（GL3＝1），经过相应的延时（t_1 或 t_2 或 t_3），启动出口跳闸继电器 TJ 及 BTJ（注：此时启动继电器已动作开放出口正电源）。

1）复合电压闭锁元件，为低电压元件和负序电压的"或"逻辑判据。以 A 相为例，其低电压元件采用线电压判别，即与故障相关联的两个线电压（U_{ca}、U_{ab}）；负序电压的整定为相电压整定值。

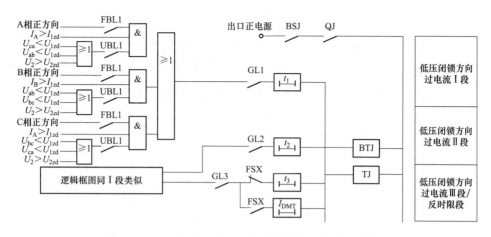

图 1-11　三段可经复压和方向闭锁的过电流保护逻辑图

2）过电流三段功能中，可以通过控制字选择采用定时限方式或反时限方式，以提高继电保护动作的适应性。

（3）低频减载。在配电网中，为确保重要负荷的供电可靠性和提高供电质量，往往加装低频减载装置，而过去采用的多为集中式，设置不同的跳闸级以跳开不同的线路，在本装置中，低频功能是分散式配置，即本装置中设置的频率仅适用本元件的低频跳闸频率，使回路接线变的简单明了。

如图 1-12 所示，逻辑中当 $f < f_{lzd}$ 时，同时两个闭锁条件满足，一是滑差条件满足，$D_F/D_T < D_{Fzd}$，一般认为滑差大于 $3Hz/s$ 是由于大电动机负荷反馈造成的，而由于功率缺额引起的频率降低滑差小于 $3Hz/s$；另外母线有压闭锁条件 $U > U_{lfzd}$ 满足，这两个条件同样可有效的防止在负荷反馈情况下装置误动作。由于在负荷反馈时，系统电压可靠小于整定值，经过整定时间 t_{lf}，启动出口跳闸继电器。

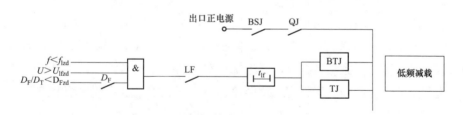

图 1-12　低频减载逻辑图

（4）独立加速段保护。在传统的保护当中，一般实现的是加速相应的延时段（如二、三段），以节约回路元件，一般通过在二次回路上短接时间元件接点的方法实现。在微机保护中，由于其功能的逻辑化，实现独立的加速段简单易行，加速段的电流判别元件与前述的过流元件基本相同，重点讲解其相关的启动条件，本保护可选择前加速或后加速，当选用前加速时（QJS=1），同时重合闸充电完毕（重合闸充电＝1，以确保跳闸后重合闸可靠动作），开放加速回路，同时选择前加速时，重合后加速启动回路被闭锁，在上述情况下，当线路发生故障时，加速段无选择性的动作切除故障，重合闸进行一次重合以恢复供电，这种方式在电网中较少使用，原因是直接断开电源侧断路器，当考虑电源侧元件拒动时，将造成较大范围的停电；在电网中多使用重合闸后加速方式，这时回路的加速段功能可由两种情况开放，一是手合后加速（用跳位继电器的动合触点延时 3s 返回实现，在手合后保护后加速功能自动投入 3s），二是重合后加速（发重合脉冲的同时给后加速回路送一个 3s 的开放脉冲，起到开放后加速功能的作用）。保护中采用后加速功能后，可以加速切除重合于永久性故障，降低电气设备的损坏程度。

另外，在加速功能中，可以通过控制字选择零序加速段或过电流加速段，如图 1-13 所示。

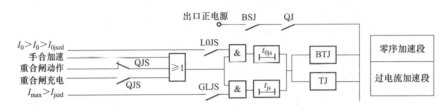

图 1-13　独立加速段保护逻辑

（5）重合闸。在 RCS-9611 中配置三相一次重合闸功能。

1）充电条件。保护装置未启动，即装置处于正常运行状态，没有任何扰动；断路器在合位（跳闸位置继电器不动作，即 TWJ＝0）；上述两个条件同时满足，延时 15s 充电完成，充电完成后"重合闸充电＝1"。

2）放电条件。手跳或者遥控跳闸，保护通过双位置继电器 KKJ＝0 来实现，保证在手动操作断路器跳闸时重合闸不动作；外部闭锁重合闸开入，用于不允许重合闸的相关保护动作时闭锁重合闸，如母线保护。

控制回路断线，断路器出现控制回路断线时，都将不能进行合→跳或跳→合的循环，此时即使重合闸装置正常，断路器不能执行相关重合命令，应当闭锁重合闸。

低频保护动作，低频出口时反应了系统存在有功功率缺额情况，此时本间隔低频动作，说明本间隔在低频方案设定的跳闸序列中（即属于系统低频率情况下需要切除的负荷线路），跳闸后不应重合，以保证系统有功的平衡和充裕。

过负荷跳闸时如果再重合，仍将由过负荷跳闸，必须在调度人员转移负荷后，才允许合闸。

弹簧未储能开入，此时断路器机构不具备执行跳→合循环的能力，因弹簧未储能时合闸回路将断开。

线路 TV 断线（检线路无压或者检同期投入时）。

重合闸动作后同时对重合闸放电，以保证只重合一次。

3）重合闸启动条件。重合闸的启动仍配置两种启动方式，保护启动方式（保护跳闸固定）和不对应起动方式（TWJ＝1），以上两种启动方式均须在无流判别满足时启动（如图 1-14 所示，要求最大相电流小于 0.06 倍标称电流），保证重合闸启动是在故障确已断开后开始计时的。重合脉冲一般为 120ms，以保证断路器的可靠合闸。

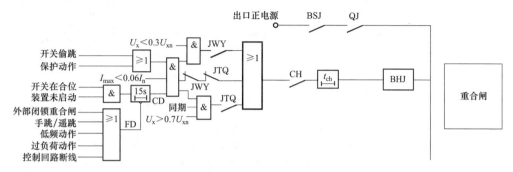

图 1-14　重合闸逻辑

不对应启动重合是主要的启动方式，它可以反应任何非人为的断路器跳闸（包括断路器偷跳），使断路器重新合闸恢复送电。保护启动方式是不对应启动方式的补充，能反应各种保护动作引起的断路器跳闸，同时防止不对应启动方式失效时（如 TWJ 继电器或其开入损坏）的重合闸拒动。

4）重合闸的不同方式选择。检同期方式，JTQ＝1。重合闸充电完成，并满足启动条件、无闭锁条件情况下，同时要检查线路电压大于 0.7 倍标称值，同时母线电压与线路电压满足同期条件（电压差、频率差和相角差）。一般用于双侧电源的线路。

检无压方式，JWY＝1。重合闸充电完成，并满足启动条件、无闭锁条件情况下，同时要检查线路电压小于 0.3 倍标称值。在双侧电源线路中，投入检无压方式下还要同时投入检同期，以防止检同期侧断路器偷跳后重合闸的拒绝动作。

重合不检方式，JWT＝0、JTQ＝0。重合闸充电完成，并满足启动条件、无闭锁条件情况下，直接启动重合闸延时进行断路器的重合闸。

重合闸停用方式。任何情况下，断路器跳闸后不重合。

4.操作回路分析

在 110kV 及以下电压等级的断路器保护中，一般配置插件式的典型操作回路，可以实现全部的断路器控制功能，包括跳闸、合闸、防跳功能，同时该插件体积小，抗干扰能力强，回路简单便于维护。

图 1-15 是 RCS-9611C 装置配置的操作插件，由于低压断路器目前弹簧未储能、SF_6 压力低闭锁等功能均在断路器机构中实现，本操作回路未包括上述功能。下面讲解有关该操作回路的相关原理及动作情况分析。

（1）双位置继电器 KKJ。用以反应断路器操作的手动（或遥控）跳闸及手动跳闸后状态和手动（或遥控）合闸及合闸后状态。手动（或遥控）合闸，操作手把合闸触点或远方遥控合闸继电器触点接通，KKJ 动作，KKJ＝1；断路器合闸后位置，KKJ 保持，KKJ＝1；手动（或遥控）跳闸，操作手把跳闸触点或远方遥控跳闸继电器触点接通，KKJ 返回，KKJ＝0。

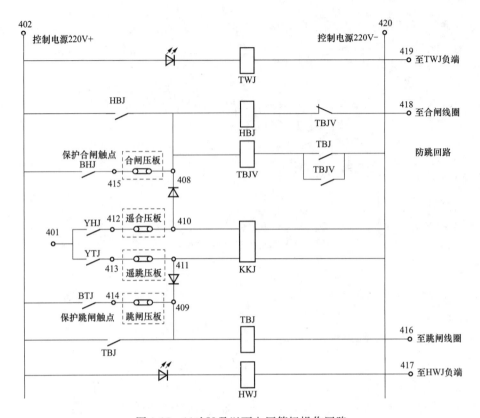

图 1-15 110kV 及以下电压等级操作回路

随着综合自动化的发展，控制屏在现代保护系统中基本已被取消。随同保护配置相应的操作插件或操作箱，这时利用 KKJ 反应断路器的合闸后位置，应用于重合闸（实现不对应启动重合闸方式和重合闸的充电条件）、事故音响回路（断路器合闸后，当 TWJ＝1 时，发出事故音响）、自投逻辑中需要判断相应断路器的合闸后位置（以分辨是手动跳闸还是保护跳闸），此时需引入 KKJ 的触点。在非综自设备中，多采用将该接点短接的方法，保证充电条件的满足，而在综自设备中，则必须引入 KKJ 触点，反应断路器的远方实际操作情况，进而确定自投装置的动作行为。

值得注意的是，备用电源自投动作跳进线的触点应接在保护装置的保护跳闸入口，而不能接在手跳输入入口，否则会造成备用电源自动投入装置（备自投）动作第一步跳进线断路器时将 KKJ 继电器返回，瞬时闭锁备自投，而造成备自投拒动。

（2）跳、合闸保持继电器。合闸保持继电器 HBJ 用以提供给断路器足够的合闸时间，保证完全依靠断路器的辅助触点终止合闸命令，符合传统的设计原则，同时值得注意的一点是，由于该保持回路的存在，若因为断路器机构的原因不能完成合闸操作，这时保持回路依然持续处在"自保持"状态，由于断路器的合闸线圈和合闸保持继电器 HBJ 均按短时受电设计，可能造成合闸线圈或 HBJ 的损坏，故在遇到上述情况时应及时断开控制电源空开，使得合闸自保持回路因失去电源而断开。

同理，跳闸回路中依靠 TBJ 继电器及其触点实现跳闸回路的自保持，保证由辅助触点断开跳闸电流。

（3）手合与手跳与重合及保护跳闸的隔离。重合闸触点或保护跳闸触点动作时，由于反向二极管的作用，不会使 KKJ 状态发生变化。从而保证需要不对应启动重合闸等回路的可靠持续启动。

其他诸如断路器的跳合闸操作方法、过程，防跳回路的原理，回路的接线方法与传统的断路器控制回路完全一样，在此将不再讲解。

5. 定值清单

对于现场工作中，正确掌握装置定值清单中各项内容的具体含义及整定要求是至关重要的，通过这一方面的培训，不仅对职工的现场工作技能有一定程度的提高，更重要的是可以有效的防止"误整定"事故的发生。RCS-9611C 数值定值、RCS-9611C 控制字数值见表 1-1 和表 1-2。

表 1-1　　　　　　　　　　　　　　RCS-9611C 数值定值

序号	定值名称	定值	整定范围	整定步长	备注
1	过电流负序电压闭锁定值	U_{2zd}	$2\sim57V$	$0.01V$	按相电压整定
2	过电流低压闭锁定值	U_{lzd}	$2\sim100V$	$0.01V$	按线电压整定
3	过电流 I 段定值	I_{1zd}	$0.1I_n\sim20I_n$	$0.01A$	
4	过电流 II 段定值	I_{2zd}	$0.1I_n\sim20I_n$	$0.01A$	
5	过电流 III 段定值	I_{3zd}	$0.1I_n\sim20I_n$	$0.01A$	
6	过电流加速段定值	I_{jszd}	$0.1I_n\sim20I_n$	$0.01A$	独立整定
7	过负荷保护定值	I_{gfh}	$0.1I_n\sim3I_n$	$0.01A$	
8	零序过电流 I 段定值	I_{01zd}	$0.02\sim12A$	$0.01A$	接地零序电流相对较大的接地系统中使用
9	零序过电流 II 段定值	I_{02zd}	$0.02\sim12A$	$0.01A$	接地零序电流相对较大的接地系统中使用
10	零序过电流 III 段定值	I_{03zd}	$0.02\sim12A$	$0.01A$	接地零序电流相对较大的接地系统中使用
11	零序过电流加速段定值	I_{0jszd}	$0.02\sim12A$	$0.01A$	零序自产时整定范围为 $0.1I_n\sim20I_n$
12	低频保护低频值	F_{lzd}	$45\sim50Hz$	$0.01Hz$	根据年度低频方案整定
13	低频保护低压闭锁定值	U_{lfzd}	$10\sim90V$	$0.01V$	按线电压整定，推荐70V
14	DF/DT 闭锁值	D_{Fzd}	$0.3\sim10Hz/s$	$0.01Hz/s$	推荐 5Hz/s
15	重合闸同期角	D_{Gch}	$0\sim90°$	$1°$	建议 30°
16	过电流 I 段时间	t_1	$0\sim100s$	$0.01s$	
17	过电流 II 段时间	t_2	$0\sim100s$	$0.01s$	
18	过电流 III 段时间	t_3	$0\sim100s$	$0.01s$	
19	过电流加速时间	t_{js}	$0\sim100s$	$0.01s$	
20	过负荷时间	t_{gfh}	$0\sim100s$	$0.01s$	
21	零序过电流 I 段时间	t_{01}	$0\sim100s$	$0.01s$	
22	零序过电流 II 段时间	t_{02}	$0\sim100s$	$0.01s$	
23	零序过电流 III 段时间	t_{03}	$0\sim100s$	$0.01s$	
24	零序过电流加速时间	t_{0js}	$0\sim100s$	$0.01s$	
25	低频保护时间	t_{lf}	$0\sim100s$	$0.01s$	
26	重合闸时间	t_{ch}	$0\sim9.9s$	$0.01s$	
27	过电流 III 段反时限特性	FSXTX	$1\sim3$	1	
28	零序 III 段反时限特性	L0FSXTX	$1\sim3$	1	

表 1-2　　　　　　　　　　RCS-9611C 控制字数值定值

序号	定值名称	定值	整定范围	备注
＊1	过电流Ⅰ段投入	GL1	0/1	
＊2	过电流Ⅱ段投入	GL2	0/1	
＊3	过电流Ⅲ段投入	GL3	0/1	
4	过电流Ⅲ段投反时限	FSX	0/1	1：GL3 为反时限；0：GL3 为定时
5	过电流Ⅰ段经复压闭锁	UBL1	0/1	
6	过电流Ⅱ段经复压闭锁	UBL2	0/1	
7	过电流Ⅲ段复压闭锁	UBL3	0/1	
8	过电流Ⅰ段方向闭锁	FBL1	0/1	
9	过电流Ⅱ段经方向闭锁	FBL2	0/1	
10	过电流Ⅲ段经方向闭锁	FBL3	0/1	
11	TV 断线检测投入	交流电压回路断线	0/1	建议投入，以及时发现电压回路的问题
12	TV 断线退电流保护	TUL	0/1	仅仅退出与电压相关的电流保护
＊13	过电流加速段投入	GLJS	0/1	
＊14	零序加速段投入	L0JS	0/1	
15	前加速投入	QJS	0/1	1：前加速投入；0：后加速投入
＊16	过负荷投入	0/1	1：跳闸 0：报警	
＊17	零序过电流Ⅰ段投入	L01	0/1	
＊18	零序过电流Ⅱ段投入	L02	0/1	
＊19	零序过电流Ⅲ段投入	L03	0/1	1：跳闸；0：报警
20	零序过电流Ⅲ段投反时限	L0FSX	0/1	1：L03 为反时限；0：L03 为定时限
＊21	低频保护投入	LF	0/1	
22	DF/DT 闭锁投入	DF	0/1	建议投入，防止负荷反馈误动作
＊23	重合闸投入	CH	0/1	
24	重合闸检同期	JTQ	0/1	
25	重合闸检无压	JWY	0/1	两者均不投入时则重合闸不检

注　保护定值中控制字标"＊"表示该控制字有对应的软压板。

6. 故障及异常情况处理

在 RCS-9000 系列保护中，保护装置的异常故障状态包括闭锁装置的异常状态和不闭锁装置的异常情况。

（1）闭锁保护装置的故障情况。当 CPU 检测到装置本身硬件故障时，发出装置故障报警信号，（BSJ 继电器返回）闭锁整套保护，即断开出口继电器的正电源。装置故障包括：定值出错、RAM 故障、ROM 故障、电源故障、出口回路故障、CPLD 故障。

（2）不闭锁保护装置的异常情况。当装置检测到下列状况时，发运行异常信号（BJJ 继电器动作）：TWJ 异常、线路电压报警、频率异常、TV 断线、控制回路断线、接地报警、过负荷报警、零序Ⅲ段报警、弹簧未储能、TA 断线。

（3）装置异常及闭锁相关信息及处理建议。

RCS-9611C 装置异常及闭锁相关信息及处理见表 1-3。

表 1-3　　　　　　　　　　RCS-9611C 装置异常及闭锁相关信息及处理

序号	异常/自检信息	含义	处理建议
1	定值出错	定值区内容被破坏，闭锁保护	通知厂家处理
2	电源故障	直流电源不正常，闭锁保护	通知厂家处理
3	CPLD 故障	CPLD 芯片损坏，闭锁保护	通知厂家处理
4	TV 断线	电压回路断线，发告警信号，闭锁部分保护	检查电压二次回路接线
5	TA 断线	电流回路断线，发告警信号，不闭锁保护	检查电流二次回路接线
6	TWJ 异常	断路器在跳位却有电流，发告警信号，不闭锁保护	检查断路器辅助触点
7	频率异常	系统频率低于 49.5Hz 发报警，不闭锁保护	检查一次系统
8	接地报警	系统发生单相接地零序电压超过门槛值发报警信号，不闭锁保护	检查一次系统
9	弹簧未储能	弹簧操动机构储能不足超过延时发报警信号，不闭锁保护	检查操动机构

（4）装置闭锁。发生上述致命性故障时，保护装置"运行"灯会熄灭，此时保护装置将不具备任何功能，一旦本线路发生故障，就会造成越级动作，扩大故障范围。实际运行中主要的对策：

1）具备一次设备代路条件的，立即安排代路故障线路保护断路器，依靠代路元件保护替代故障退出运行的保护；

2）不具备一次设备代路条件的，立即安排本线路负荷倒出，倒出后拉开本断路器，避免本线故障时保护因故障拒动而越级；

3）对于重要线路，组屏时可以考虑设置备用装置，本装置故障时将故障装置的回路切换至备用装置，但此种情况，回路将变得复杂，将涉及电流回路的切换，目前很少使用。

（5）装置异常。

1）频率异常。正常频率范围为 $49.5 \sim 50.5$Hz，超出此范围，有两种可能的原因，一是系统确实发生了低频或过频的现象，由于系统中配置了足够容量的切负荷或切机措施，真正的低频或过频不会持续过长时间，可以被自动装置的动作终止异常状态；另一方面，可能装置的频率采样发生了异常，由于低压保护电压只是用于低频判别或复压判别，影响的只是部分保护功能，装置的主要功能过电流及重合闸仍能正常运行。

2）TWJ 异常。主要原因一般是辅助触点转换不到位，线路在正常运行（线路有电流）而 TWJ 不返回，经延时报 TWJ 异常。TWJ 继电器的不正常会影响：

a. 重合闸充电：保护判断断路器在分位，不会充电；

b. 手合加速：手合加速的投入依靠 TWJ 返回展宽 3s 投入，TWJ 在断路器合闸后不返回，造成手合加速不会投入。

下面介绍跳合闸回路断路器辅助触点的转换情况对操作回路中跳闸与合闸位置继

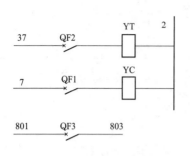

图 1-16 操作回路中断路器辅助触点
对跳、合闸位置继电器的影响示意图

电器动作情况的影响，如图 1-16 所示，可以用测量相应端子的对地电位来判断辅助触点转换的正确与否。断路器在合闸位置时，其动合辅助触点闭合（故回路中"37"处对地为负电位），动断触点断开（故回路中"7"处对地电位为正电位，由 TWJ 继电器线圈返回正电）；断路器在跳位时，与上述情况相反。

3）控制回路断线。反应跳闸位置继电器与合闸位置继电器同时不动作的情况，即断路器在合位时跳闸回路不通或断路器在分位时合闸回路不通。具体体现有以下几种：

a. 控制回路发生断线（包括直流熔断器熔断或控制回路电源空气开关断开及回路连接出现断口）；

b. 辅助触点转换不良。

发生控制回路断线时，断路器已不具备跳或合闸的能力，此时应尽快处理引起控制回路断线的原因，防止事故时越级或重合闸的拒动。

4）弹簧未储能。该信号是目前广泛使用的弹簧机构的主要信号，正常情况下，断路器合闸后，合闸弹簧释放的同时将跳闸弹簧拉起，即断路器处于合位就具备跳闸的能力。同时，断路器合闸，合闸弹簧释放后在电动机的带动下立即储能，保证重合闸的正常进行。其实弹簧未储能反应的是合闸弹簧的储能状态。因此，合闸弹簧储好能是合闸能够进行的基本条件之一，因此在弹簧机构的合闸回路中都串有一个反应合闸弹簧储能状态的辅助触点，只有合闸弹簧储能完毕的情况下才能接通合闸回路，防止在合闸保持的保持作用下，烧坏合闸线圈。

在 RCS-9611C 中专门有一个开入已经定义为"弹簧未储能"。正常运行过程中，在设置了足够长的弹簧储能时间后，此开入一直持续，反应了储能电动机回路存在故障。

7. 保护调试

在现场工作中，调试的正确性是确保保护装置正确、有效工作的前提，是电力系统安全、稳定运行的基本保证。所以我们要求保护专业的每一位职工，必须熟练掌握所辖设备的调试校验工作，这是做好继电保护工作的基本要求。

下面将详细介绍 RCS-9611 线路保护的校验内容及方法，对于其他类型的保护大同小异，需要在不同的工作中认真总结。

（1）精度检查。在精度检查中，主要是检测模数变换系统工作的正确性，这是保护正常工作的关键，只有保证该项指标满足，才能考究定值的准确性。

检查方法是：在小变换器的两个端头均引出时，即可以单相通入电流进行测定，也可把所有的变换器头尾相串联，通入电流（对于电压变换器则应该将其头尾相并联进行检测），在电网中，推荐测试点见表 1-4。

表 1-4　　　　　　　　　　　　　　　　电流、电压测试点

电流（A）	1	5	10
电压（V）	10	30	50

当通入上表中的数值时，记录液晶显示的值，要求其显示值与实际电流的误差应小于±2.5%或±0.01额定值，相角误差小于2°。

在保护的校验中，还应记录保护的零漂值，即输入回路中没有输入时装置的示值，对于电流回路是开路状态，对于电压回路是短路状态。

（2）保护定值检查。根据定值误差小于5%的要求，对定值的检查我们选取0.95倍和1.05倍整定值两个点试验。对于过量值保护，1.05倍整定值时可靠动作，0.95倍整定值时可靠不动作；对于欠量保护，动作情况正好与之相反。

由于微机保护依靠自身的晶振进行计时，其时间精度很高，建议不进行时间的检验，在保证相关时间的定值正确的基础上，可以认为时间精度满足实际运行要求。

（3）低频试验。低频保护的动作逻辑在前述的章节中已经详细介绍过，而试验的原则就是测试其动作逻辑，所以必须学会模拟保证其正确动作的各项条件。注意低频的频率数据计算判据是对装置的母线电压输入量进行判定。

在现场校验中，运用低频试验仪模拟系统频率从正常值在规定的时间内下降到保护的动作值，确保装置动作，注意在试验过程中，满足滑差条件，电流、电压闭锁条件。在现场校验中，有时不能使保护装置可靠动作，可能是电流太小被闭锁的缘故，值得注意。

对回路的绝缘状况进行检查，测量交流电流回路的直流电阻。对于不同的回路和不同的测量状况，绝缘的要求不同。直阻的相对误差不超过10%。

（4）保护、断路器整体传动。根据保护的定值，从端子排通入相应的电量，使保护动作跳开相应的断路器，并根据定值的整定情况，正确的动作于重合或闭锁重合闸。

重合闸后加速的传动，方法是当合闸灯再次点亮，说明断路器已重合，给出第二次故障，这时独立加速段动作跳闸。在RCS-9611保护中，由于加速的区间是重合后的3s内，故可用手动操作试验仪器重新给出故障，当加速区间较短时，可用保护试验仪的程序控制功能实现自动输出第二次故障模拟。

手合后加速的传动，方法是断路器在跳位，这时KKJ=0时，加电流至加速段定值，保护动作。模拟手合于故障时保护的动作状况，将断路器实际合闸，同时在3s内由试验仪器向保护装置输出大于加速定值的故障电流。

第三节　10kV电磁型断路器

本节中重点讲解保护的基本原理，对于断路器的介绍只是与继电保护有关的部分，故不用专用的章节进行描述，而是根据保护原理的需要分散讲解，不成体系。

在下面的内容中，主要用图例的方法讲解，10kV 电磁机构的接线方法及与回路原理图的对应关系。

图 1-17 为断路器机构的原理简图。希望继电保护专业人员对照原理图仔细分析其接线方式，有条件时应在现场中加以学习，实践。

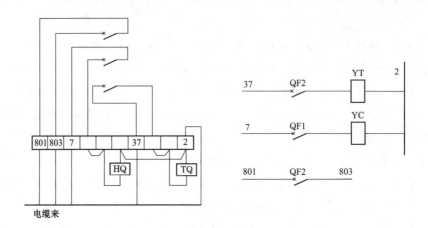

图 1-17　断路器控制回路原理图

注：在断路器辅助触点中，有主触点和辅助触点之分，跳合闸回路中，一定要用主触点（因为主触点是扇形滑动触点，保证可靠跳合闸），其他回路用辅助触点，反应断路器的动作情况。

第二章　并联电容器保护

随着电力优质服务工作不断提升到新的高度，提供合格、优质的电能成了用户对电能质量提出的最基本的要求。就电能质量来讲，电压合格率是最根本的考核指标，要求在98%以上，在电力系统的分析中，影响电压指标的核心因素是无功功率的平衡，当然有很多设备都可以提供一定的无功功率，如发电机、调相机、一些无功负荷等，在电能的传输中，如果无功功率占较大的比例，就会影响发电机、线路发出和传送有功功率的能力，不利于电力系统的经济运行。故而我们提出了无功功率的就地补偿和保持平衡原则，即在相应的变电站中配置合理的无功供给设备，如调相机、电容器等。调相机的运行、维护比较复杂，故并联电容器在变电站中得到广泛的应用，并联电容器能适时的补偿系统的无功功率的变化，起到调节系统电压的作用，确保供给用户电压指标合格的优质电能。

第一节　电磁型电容器保护

电容器作为电力系统的无功功率平衡及电压调整元件，在电力系统中发挥着重要的作用，根据电力系统中任何元件不能在无继电保护的状态下运行的要求，需要对电容器配置合理、有效的继电保护，这是确保电力系统安全稳定运行的关键。根据电容器的运行方式和接线形式的不同，配置相应的保护，反应电容器组本身的异常状态或故障状态，为运行人员提供适当、正确的信号以便及时处理，或通过继电保护逻辑判断故障情况，作用于断路器跳闸，降低设备的损坏程度。

在这一部分中，同样分成两个部分分析讲解，包括传统的电磁式并联电容器组保护和微机型电容器保护，通过两种不同保护类型的比较，让继电保护专业人员了解无论是传统的电磁型保护还是当今广泛应用的微机保护，其工作原理和反应的电容器的异常与故障状态是一致的，对于确保元件正常运行的功能是一致的，对于电压的稳定作用是一致的。

目前在电网中广泛应用的微机保护是南瑞公司的低压系列产品 RCS-963XC 保护装置，根据电容器的一次接线方式不同又分为 RCS-9631C 型和 RCS-9633C 型两种类型，在电网中多用 9633C 型（分相差压式），但为了保证知识结构的系统性和完善性，同样对 RCS-9631C 型的相关内容进行分析。

一、保护配置

在电力系统中，起无功补偿作用的并联电容器组一般接在低压中性点非直接接地系统，一方面其要求设备绝缘强度适当降低，确保电力系统的经济配置；另外，接在低压系统同样对高压各侧的无功有良好的补偿作用。由于电容器运行环境的统一，使得其保护的配置也比较一致，有利于技术人员的学习和掌握。

1. 过电流保护

一般采用三式接线方式，即通常的三相三继电器式接线方式。在小电流接地系统中的线路保护多采用两相式接线，仅反应各种相间短路形式，对于电容器的过电流保护选用三相式接线。

2. 过电压保护

反应相间正序电压，防止电容器组承受过电压的损坏。

3. 低电流闭锁的低电压保护

设置低电压保护主要是防止线路故障使电容器组失去电源，而线路重合又使母线带电，由于电容器还未充分放电，可能承受高于额定电压的合闸过电压，所以当电压降低时将电容器切除，防止电容器因承受合闸过电压而损坏。设置低电流闭锁是防止当电压互感器断线时可能造成的低电压保护的误动作。

4. 不平衡保护

根据电容器组一次接线方式的不同，又可以分为以下三种电容器的不平衡保护，接线如图 2-1 所示。

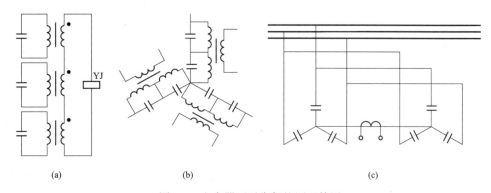

图 2-1　电容器不平衡保护原理简图
(a) 三相差压式；(b) 分相差压式；(c) 零序电流式

（1）三相差压式。将三只电压互感器分别接于三相电容器的两端，其二次侧取求和接线方式，以获得三相电压的相量和，正常时三相电压平衡，互感器二次求和回路为不平衡电压，数值较小，保护不动作，电容器故障时，产生较大的不平衡电压使保护灵敏动作跳闸。

（2）分相差压式。当电容器的每一相都分成串联的两个部分，即可运用分相差压式保护，采用的电压互感器为专用的电压互感器（现场多称之为放电 TV），一次侧有三个引出端分别跨接在一相的两部分电容器之间，二次反应两部分之间的电压差，当任何一部分电容器组中的单元故障击穿或短路，产生差压，保护动作。

（3）零序电流保护。当电容器组接成双星形式时采用该保护方案，反应零序电流的电流互感器接在双星形的中性线上。

二、保护回路

1. 过电流保护

主要反应电容器组与断路器之间的引线上发生的各种短路故障，迅速切除断路器，保障主设备的安全。根据继电保护运行规程，电容器的电流速断保护可以不配置，只配置相应段数的过电流保护。其保护接线原理图如图 2-2 所示。其中 1KA、2KA、3KA 为三相过电流继电器，4KA、5KA 为两相式电流速断保护继电器。

2. 过电压保护

由于电容器在正常运行时处于额定电压状态下，当电力系统出现过电压时，将在很大程度上损坏电容器组，故而装设电容器过电压保护。对于过电压保护也有几种不同的构成方式，下面逐一分析讲解。

（1）反应单相电压的三相式过电压保护。其原理接线图如图 2-3 所示，所使用的电压互感器与三相差压保护公用。这种保护方式在现场运行中已比较少，主要是因为其继电器较多，整定工作复杂。另外，各继电器反应单相电压，故判断过电压的灵敏度较低。

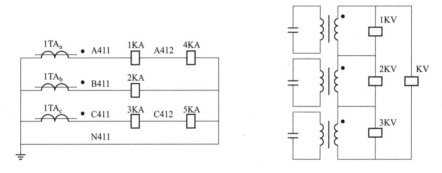

图 2-2　电容器过电流保护二次接线图　　图 2-3　电容器反应单相电压的三相式过电压保护

（2）单相式过电压保护。只在任意一个相间电压之间接入电压继电器，反应电容器的过电压情况，回路接线简单，是现场中广泛应用的方式。接于 AB 线电压之间的过电压保护继电器，如图 2-4 所示。

图 2-4　电容器单相式过电压保护

下面分析单相式过电压保护中存在的问题及相应的措施，当电容器投入时，会在不同的相间产生一个较高的冲击过电压，使过电压继电器动作，由于电磁型继电器的返回系数较低，再加上系统电压下降缓慢，即使一个过电压脉冲也可能造成过电压保护误动作，使电容器组投入不成功。解决的措施是将过电压继电器由电磁式改用数字式，以提高其返回系数，使得冲击电压过后继电器快速返回。

当系统中有冲击负荷时，也可能引起某一相过电压，造成过电压保护误动作，解决的措施是在另外的两相之间加电压继电器，采用两相间电压构成"与"方式，可以有效的防止单相过电压造成的误动作。

（3）用于过电压保护的正序继电器。它是将三相电压中的正序电压滤出，作为继电器的动作量，消除了不平衡电压的影响，但由于其调试不方便，技术工艺不成熟，在现场中应用甚少。

3. 低电流闭锁低电压保护

该保护对电容器的保护作用在前述的讲解中已提到，不再重复。在这里只简单分析讲解其回路的构成。如图 2-5 所示，3KV 即为低电压继电器，电流闭锁元件有时与过电流保护的继电器公用，只是其应用的是过电流继电器的动断触点，这时同一继电器即要整定动合触点的动作值，又要满足动断触点的动作要求，很难同时满足，故通常加装专用的低电流闭锁继电器。回路如图 2-5、图 2-6 所示。

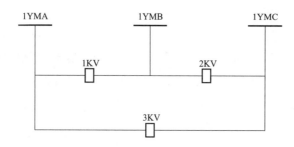

图 2-5　低电流闭锁低电压保护原理图一

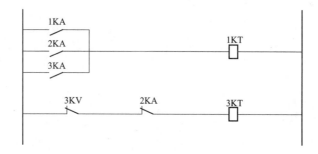

图 2-6　低电流闭锁低电压保护原理图二

4. 不平衡保护

（1）三相差压式。反应三相电容器的电压相量和，当串、并单元中有部分单元损坏时，出现差压，保护动作。缺点是由于其反应三相电压，故存在灵敏度不高的情况。

如图 2-7 所示的相量图，为在最严重的情况下（A 相元件全部损坏）的相量图，这时，差压为相电压，使保护灵敏动作，但在运行过程中，上述极限情况一般是不会遇到的，只有部分元件损坏，灵敏度相对降低。

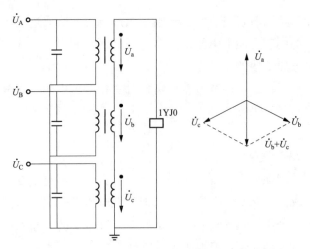

图 2-7 电容器三相差压式不平衡保护原理示意图

注意：电压互感器的二次侧一定要接地，防止一、二次击穿危及人身和设备的安全，这就是通常所说的保护地。

（2）分相式差压保护。把每相电容器组分成平衡工作的两个部分，正常运行时，每个部分两端的电压相等，其差电压为零；当有部分电容器单元损坏时，两个部分承受的电压不再相等，这时反应两者之差的保护动作。原理接线如图 2-8 所示。

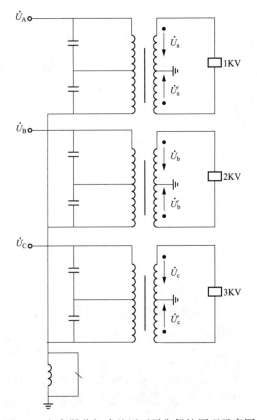

图 2-8 电容器分相式差压不平衡保护原理示意图

这种保护的优点是，灵敏度较高，定值整定相应较小，故要求使用精度较高的数字式电压继电器。

另外，由于保护的特殊配置方式，在分相式差压保护中，要用到特殊的电压互感器，如图 2-9 所示，在现场中，称之为放电 TV。其极性关系要求如图 2-9 所示，a1、a2 为极性端，即为差压的引出端子；x1、x2 为接地端，在 TV 上直接接地，只有在如图的正确接法下，才能保证正常运行情况下，各相的差电压为零，在电容器内部元件故障时，保护灵敏动作。

综上所述，主要讲了电磁型电容器保护的基本配置与原理，希望继电保护技术人员在实际工作中，能结合所讲的内容理解工作中遇到的情况，正确分析工

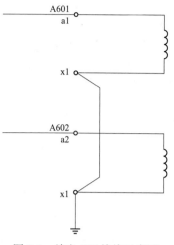

图 2-9　放电 TV 接线示意图

作中遇到的问题，尽管在保护的微机化改造进程中，电磁型保护会逐渐被微机保护所代替，但基本原理是一致的，电磁型保护是深入的理解微机保护原理的基础。是下一部分讲解的微机保护的基础。

第二节　微机型电容器保护

在本节中，主要分析讲解南瑞公司生产的 RCS-963XC 系列保护，包括其保护的配置、基本原理、原理框图，另外结合原理部分讲解在调试校验工作中应注意的问题，以便让工程技术人员逐步掌握保护的调试方法和有效手段。

在 RCS-963XC 系列保护中分为 RCS-9631C 型与 RCS-9633C 型两种型号，两者的区别是设置的不平衡保护根据电容器的一次结构的不同而配置不同：

（1）RCS-9631C 型，适用于 110kV 以下电压等级的非直接接地系统或小电阻接地系统中所装设并联电容器的保护及测控。配置不平衡电压（零序电压）/不平衡电流（零序电流）保护，适用于单星形、双星形、三角形接线的电容器组；

（2）RCS-9633C 型，差压保护，适用于桥型接线的电容器组，即每相电容器分成两个平衡工作的部分。除上述不同点之外，两种保护还配置相同的三段过电流保护、两段零序过电流保护、过电压保护、低电压保护、非电量保护、小电流接地选线功能（必须采用外加零序电流）。

一、微机型电容器保护的硬件结构

对于南瑞公司的电容器保护从硬件上讲是统一的，只是根据保护的配置情况不同，要求的输入量不同，并且输入的交流模件有不同的定义，以上的两种类型均需引入三相全电流及三相全电压外，不同之处为，RCS-9631C 型保护需要零序电流和零序电压变换器，RCS-9633C 型保护则需要三只接入差压的电压变换器。外部电压、电流

经过变换器后，经过低通输入至模数变换器，CPU 经过采样，构成各种继电器。

二、RCS-963XC 系列保护的逻辑

1. 独立启动段

启动回路的作用是满足启动条件时，开放保护出口继电器正电源，从逻辑图 2-10 中可以看出，装置的启动条件有六个，分别对应于装置的不同功能：

（1）电流 1，2，3 段（GL1，GL2，GL3 动作），作为过电流保护的启动条件；

（2）过电压动作，作为过电压保护的启动条件；

（3）低电压动作，作为低电压保护的启动条件；

（4）差压动作，作为差压保护的启动条件；

（5）零序电流 1，2 段（L01，L02 作为零序电流保护的启动条件）；

（6）有遥控操作时。因为本装置设计时遥控分与遥控合出口继电器同样经启动继电器控制正电源，采用遥控操作同时动作启动继电器，开放遥控分合闸继电器的正电源，防止由于某种原因造成遥控分与遥控合出口继电器的单一误动作造成断路器的误动作。

以上六个启动条件任一满足后，令启动继电器（QJ）动作，并展宽 10s，启动继电器的触点接通跳合闸出口继电器的正电源（＋24V）。

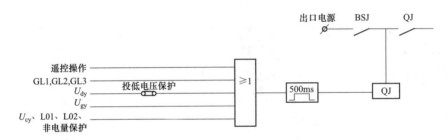

图 2-10　RCS-9633C 型独立启动逻辑

2. 定时限过电流保护

在 RCS-963XC 系列保护中设置三段三相式过电流保护。其逻辑图如图 2-11 所示。

从逻辑图 2-11 中，可以清楚的看到，三段过电流保护均可用控制字 GL1、GL2、GL3 控制投退，并且三段时限可独立整定，其中过电流三段可经反时限。需要注意的问题是电流保护一、二、三段没有用于投退的硬压板。装置设计上考虑过电流保护是电容器正常运行时必须投入的保护，且属于过量动作保护，不存在正常运行情况下误动作的危险，因为电容器在正常运行情况下其电流即为额定电流，仅受系统母线电压较小的影响。

3. 过电压保护

为防止电力系统稳态过电压造成电容器损坏，设置电容器的过电压保护，其逻辑图如图 2-12 所示。

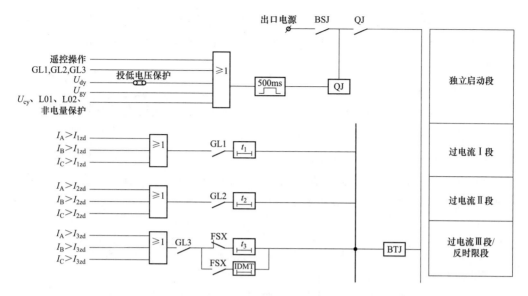

图 2-11　RCS-9633C 型过电流保护逻辑

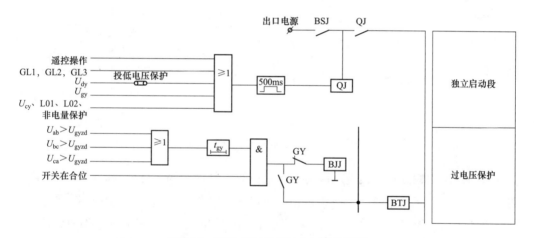

图 2-12　RCS-9633C 型过电压保护逻辑

在图 2-12 中过电压保护分为两种情况，一是发信号，二是跳闸方式，控制发信号还是投入跳闸，是由控制字实现的，当 GY 控制字投入时，保护动作时作用于跳闸，当 GY 控制字退出时，则过电压到达定值后只发出信号，在电网中，一般投入跳闸方式。

从逻辑图 2-12 中可以看出过电压保护将受断路器位置的控制，即只有断路器在合位时，过电压保护才投入，当断路器在分位时，过电压保护自动退出，这是因为只有当本电容器合闸投运时，在系统电压较高情况下切除该组电容器才对电压的降低是有效的，否则过电压保护跳闸结果对系统安全运行无效果。在校验中，断路器一般是处于分位的，故为了校验过电压保护的动作状况一般需要拔出操作插件，使 TWJ＝1，模拟断路器在合闸位置。

过电压保护有较宽范围的时间定值整定，可达 100s，主要取决于电容器对过电压的承受能力。

另外，过电压保护发信号的条件是：断路器在合闸位置，过电压跳闸不投，某一线电压大于电压定值；过电压保护跳闸的条件：断路器在合闸位置，过电压跳闸投入，线电压大于定值。

4. 低电压保护

在电容器保护中设置低电压保护，主要是防止系统故障线路断开引起电容器组失去电源，而线路重合又使母线带电，这时电容器还未充分放电，会使电容器组承受合闸过电压而损坏，故而设置低电压保护，当检测到电源消失时，自动断开电容器断路器。保护中经整定控制字 LB 选择是否经电流闭锁，可防止 TV 断线造成低电压保护误动作。低电压保护动作逻辑分析如图 2-13 所示。

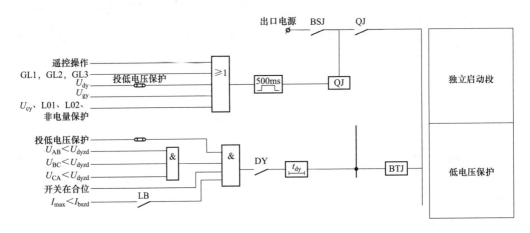

图 2-13　RCS-9633C 低电压保护逻辑

低电压保护检测三相线电压同时小于定值时，判断为满足低电压条件，这是因为在低压系统中，断路器操动机构为三相操作机构，电源中断引起的失压一般都是三相同时电压消失，否则，多为 TV 断线。任何一相有电流时，闭锁低电压保护。另外，低电压保护受跳闸位置继电器闭锁，反应断路器在合闸位置时保护投入。

综上所述，低电压保护动作的条件为：

(1) 断路器在合闸位置；

(2) 三相线电压同时低于定值；

(3) 三相电流消失（小于失流闭锁定值）。

对于低电压保护，TV 断线造成保护误动作的可能性最大，故而在现场应用的保护中设置了相应的防止 TV 断线的措施，即在程序中设置了低电流闭锁逻辑，是防止 TV 断线造成保护误动作的有效措施。

5. 分相差压保护 （RCS-9633C）

当任一相差压动作时，经相应的延时跳闸。差压的选取与电磁式保护相同，该保护不用考虑 TV 断线的情况，故安全性较高，同时该保护又具有较高的灵敏度。逻辑如图 2-14 所示。需要说明的是，由于差压保护由放电 TV 引入到继电保护装置的电压回路在正常运行情况下的电压理论上应为 0V（仅有较小的不平衡电压），所以在该回路上不允许装设自动空气开关。这与电压互感器开口三角接线二次回路的要求是一致的。

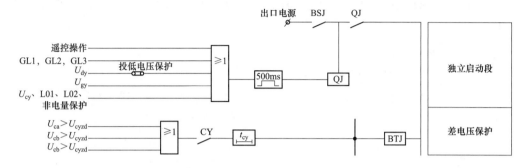

图 2-14　RCS-9633C 差压保护逻辑

（1）不平衡电压（零序电压）/不平衡电流（零序电流）（RCS-9631C）。两种保护电流（电压）量的取得方式同电磁式保护一致，动作条件也是比较简单的，在此，不再详述。其中，零序电流保护主要用于双星形接线方式。

（2）告警功能及其他。反应的故障与异常状况与 RCS-9611C 保护几乎一致，增加了部分非电量保护引起的告警。另外，过电压不投跳闸时，发告警信号，不闭锁保护。

在电容器保护中均不设置自动重合闸功能，主要是防止冲击过电压造成设备损坏，另外电容器属于站内设备，维护条件较好，若发生故障多为永久性故障。另外，在 RCS-963XC 系列保护中，同样设置了操作插件，结构与在前述 RCS-9611C 保护中介绍的完全相同。

三、RCS-9633C 型电容器保护的调试

在 RCS-9633C 保护装置的校验中，主要讲解由于保护功能的不同而造成的校验方法的不同，以及校验工作中应注意的问题，其他微机保护装置公共的校验项目，在此不再讲解。

1. 精度试验

在新设备投运试验中，应采取措施确定相别的正确性，可以用三相试验仪通入不同角度的电压（电流）或采用逐相单独输入来确定。

2. 过电压保护

在过电压保护的校验中，（由于过量动作，目前均不配置保护投入硬压板），过电压保护受断路器合位的闭锁，故应模拟断路器的 TWJ＝0，可以取下操作插件或合上断路器。过电压保护定值判定采取的是任一线电压高于定值动作，所以可用单相调压设备分别测试 U_{ab}、U_{bc}、U_{ca} 定值的大小。

3. 低电压保护

在低电压保护的校验中，首先应该注意到其功能的投入同样受断路器合位的闭锁，在校验低电压的定值时最好选用三相式调压设备，加入装置三相对称电压，同时降低各相电压，使三个线电压均小于低压定值。在校验中一定要认真检验电流的闭锁作用。

4. 差压保护

在差压回路中加入单相电压，检查差压保护的动作情况。由于差压保护的动作值一般比较小（按躲过正常运行的不平衡电压整定，3～7V），故应使用精度较高的试验仪。

第三章　110kV线路微机保护

从地区电网的网架结构来看，110kV 线路作为整个电网的重要组成部分，担负着对主要负荷供电的任务，几乎在所有的枢纽变电站或负荷变电站都存在 110kV 电压等级，故而作为负荷落地主要组成部分，110kV 电网系统要日益完善。

随着 110kV 线路的建设，110kV 系统担负的任务越来越重要，就继电保护的配置而言，选择合理的保护功能与保护装置是至关重要的，是确保电网安全、稳定运行的关键。

我国 110kV 系统多为中性点直接接地系统，当系统中的某一元件发生单相接地故障时，短路回路中将流过很大的接地短路电流，可能造成设备损坏，所以在保护的配置中需要设置反应非对称接地故障的零序过电流保护，对于一些双电源线路，为了保证保护动作的选择性和灵敏性，还必须在零序过电流保护基础上设置方向元件，使上下级保护的动作范围更容易配合。另外，在前面的章节中提到过电流保护也能反应接地故障电流，但由于其定值是按躲过最大负荷电流整定的，灵敏度远小于零序电流保护，同时，时限阶梯配合使得零序电流保护的动作时限小于过电流保护的时限（主要是由于在 Y0D11 接线变压器的 D 侧无零序电流的缘故，这时将不必再与下一级配合）。还有，零序电流保护不受负荷电流的影响，不受系统振荡影响，对过渡电阻也有较好的适应能力，都是其重要的功能优势。所以，在大电流接地系统中，零序过电流保护的配置是必不可少的。

在 110kV 微机型线路保护中，引入了接地距离继电器，由于其反应电压与电流的比值对故障点与保护安装处之间距离的测定，并且增加零序电流的补偿，使得其在接地故障时保护范围相对稳定，所以已经成为 110kV 及以上电网中，对接地故障正确反应的主要保护之一。但其也有距离保护所有的弱点，如受过渡电阻及电压互感器断线影响较大，系统振荡时可能误动作。

在 110kV 线路中同样存在发生相间故障的可能性，故而还必须设置反应相间故障的相间距离保护。

正是由于 110kV 线路需要设置这两种方向性保护装置，需引入被保护元件的二次电压与二次电流以便进行方向选择判断，故而在本章中还要介绍关于电压互感器二次电压回路断线对保护装置的影响等问题。

对系统振荡的研究表明，当系统发生振荡且振荡中心在被保护线路内部时，振荡中心的电压最低，流过线路的电流很大，对反应线路阻抗的距离保护有着很大的威胁，所以将在本章中提到振荡闭锁的有关问题。

第一节　保　护　概　述

在电网中，110kV 线路担负着主要的供配电任务，随着电网容量的增大，保护系统的可信赖性及快速性对电网的安全稳定起着决定性作用。在电网继电保护系统微机化改造过程中，对于 110kV 线路保护的改造是所有改造工程中的最为迫切的，实施的必要性也是最大的。

110kV线路微机保护有多种，本节主要是针对南瑞公司生产的RCS-941系列线路保护装置进行分析、讲解，这一型号的保护装置具有广泛的代表性，与其他各厂家保护的原理和功能配置基本相同。

一、保护装置的选型

RCS-941系列保护装置包多种型号，除配置的基本保护功能外，不同型号的保护具有不同的特点，对于电网运行有不同的适应性。

RCS-941A用于无特殊要求的110kV高压输电线路。

RCS-941B用于要求全线路快速跳闸的110kV高压输电线路，其包括以纵联距离元件和零序方向元件为主体的高频保护，及由工频变化量距离元件构成的快速一段保护。

RCS-941D用于负荷变化频繁的110kV高压输电线路，如线路负荷为电气化铁路牵引站或钢厂的炼钢炉设备。

RCS-941J专为要求以顺序重合闸方式实现全线速动的110kV高压线路设计。其与RCS-941A的区别在于装置增设了距离Ⅱ段前加速功能，可经控制字"前加速接地Ⅱ段"和"前加速相间Ⅱ段"，独立地对接地距离Ⅱ段或相间距离Ⅱ段实现前加速。当上述两个控制字投入，即前加速功能投入。进行前加速逻辑校验时，必须带断路器进行试验；当上述两个控制字均不投时，可只在合位进行各项试验，其他均同RCS-941A。

RCS-941S专为中性点经小电阻接地的35kV高压输电线路设计，其定值中"正序灵敏角"和"零序灵敏角"与RCS-941A一样，仍分别为线路的正序灵敏角和零序灵敏角，用于接地距离和相间距离的计算。而用于零序功率方向计算的灵敏角则在程序中固定为3°，无需整定。其他均同RCS-941A。

RCS-941AQ专为负荷带小水电的110kV高压线路设计。其与RCS-941A的区别在于在重合闸时若采用检线路无压或检母线无压方式时，无压检定定值可以由用户整定，即增加了两个定值："检母线无压定值"和"检线路无压定值"。其他均同RCS-941A。

RCS-941AU专为需要进行低压解列的110kV高压线路设计。其在RCS-941A的基础上增加了两段低电压保护，实现低电压解列的功能。

RCS-941DU专为需要进行低压解列且负荷频繁变化的110kV高压线路设计。其在RCS-941D的基础上增加了两段低电压保护，以实现低电压解列的功能。

RCS-941AZ专为TV检修时需要投退"TV检修"压板以保证其他与电压无关的保护功能继续运行，或要求保护启动重合闸可单独投退的110kV高压线路设计。其在RCS-941A标准程序的基础上增加了"TV检修"硬压板和"投TV检修"软压板，两者为"与"逻辑；当两者均投入时，其处理同"TV断线"。同时还增加了"投保护启动重合"控制字用于单独投退保护启动重合闸（一般用于电缆线路）。

现在电网中应用比较多的是RCS-941A和RCS-941D两种类型，两者的主要区别在于启动元件上，RCS-941D是快速复归的，以适应负荷的大幅度变化。对于RCS-

941A，启动元件动作后展宽 7s 开放出口正电源，通过距离Ⅲ段或零序启动电流或低频启动元件保持，当上述三者都返回后，再延时 200ms 返回；而 RCS-941D 启动元件动作后不展宽 7s，其他均同 RCS-941A；在运行中的表现特征为，当 RCS-941D 面板上显示启动时，不发告警信号，也不进行报告打印，适应了负荷经常大幅度波动启动元件频繁启动的运行状况。

二、功能构成

RCS-941A 包括完整的三段式相间距离保护（共 9 个继电器），三段式接地距离保护（共 9 个继电器），四段零序方向保护（方向可投退），低频保护，三相一次重合闸功能，并且配置相应的断路器操作插件和电压切换插件。从其保护的配置可以看出，它是一套完整的保护，可以作为本线路的主保护及本线和相邻元件的后备保护。

在硬件配置方面，CPU 插件是装置核心部分，由单片机（CPU）和数字信号处理器（DSP）组成，CPU 完成装置的总启动元件和人机界面及后台通信功能及逻辑功能和出口功能，DSP 完成所有的保护算法。装置采样率为每周波 24 点，根据保护功能算法对应的数据窗，对所有保护功能和逻辑进行并行实时计算，使得装置具有很高的固有可靠性及安全性。

CPU 内设总启动元件，启动后开放出口继电器的正电源，同时完成事件记录及打印、保护部分的后台通信及与面板通信；另外还具有完整的故障录波功能，录波格式与 COMMTRADE 格式兼容，录波数据可单独从串口输出或打印输出。

三、启动元件

设置整套保护装置的总启动元件，是微机型保护装置的一个特点，更是保障继电保护装置安全、可靠运行的要求，有效的防止了由于误碰或程序受到干扰而运行紊乱时造成的误出口，这一措施也是继电保护反事故措施要求：任一单元件发生故障或异常时，不得造成整套保护装置的误动作。

RCS-941A 型保护的启动元件分为两个部分：

1. 相电流工频变化量元件

其判据为 $\Delta I_{\phi MAX} > 1.25\Delta I_T + 0.2I_n$，注：$0.2I_n$ 为固定门坎；ΔI_T 是浮动门坎，随着变化量输出增大而自适应的提高，取 1.25 倍可保证门坎电压始终略高于不平衡输出，$\Delta I_{\phi MAX}$ 是取三相工频变化量中最大一相电流的半波积分值，启动元件动作并展宽 7s，开放出口继电器正电源。工频变化量元件是继电保护中广泛应用的判别元件，它不受负荷电流的影响及其极高地反应故障的灵敏度是其他保护元件所不能比拟的。

2. 零序过电流元件

当外接和自产零序电流均大于整定值，且无交流电流断线时，零序启动元件动作并展宽 7s，一方面去控制方向保护中的零序保护部分，另外也作为总启动元件的输出去开放出口继电器正电源。注意零序保护动作的前提条件是外接零序中有电流，现场的接线中一定要保证装置零序电流互感器接线正确。

3. 其他辅助启动元件

负序电流元件、低频元件、低压元件（RCS-941AU、RCS-941DU）、重合闸启动元件。

四、距离继电器

1. 低压距离继电器

距离继电器的测量方法分两种，以正序电压的大小（$15\%U_n$）来区分，当正序电压小于 $15\%U_n$ 时，进入低压状态距离继电器测量程序，因为这时只可能有三相短路和系统振荡两种情况。系统振荡由振荡闭锁逻辑区分，故仅需考虑三相短路。

三相短路时，三个接地阻抗继电器和三个相间阻抗性能一样，因此，仅测量相阻抗，一般情况下各相阻抗一样，但为了保证母线故障转换至线路构成三相故障时仍能快速切除故障，仍对三相阻抗均进行计算，任一相动作跳闸时选为三相故障。

低压距离继电器比较动作电压和极化电压的相位关系如下：在这里说明，阻抗继电器的工作电压反应的是故障点的距离，即与整定值相比较的结果，所有阻抗继电器的比相式方程均包含这一项；继电器的极化电压则决定了阻抗继电器的特性，具有不同的动作特征。

其中，工作电压：$U_{OP\Phi}=U_\Phi-I_\Phi Z_{zd}$；极化电压：$U_{p\Phi}=-U_{1\Phi M}$。

动作方程为 $-90°<(Z_k+Z_{zx})/-(Z_s+Z_k)e^{j\delta}<90°$。$Z_k$ 为测量阻抗，Z_s 为系统阻抗，Z_{zd} 为整定阻抗。其特性如图 3-1 所示。

图 3-1 中，阻抗继电器动作特性包含原点表明正向出口经或不经过渡电阻故障时都能正确动作，并不表示反方向故障会误动，这种正方向短路时阻抗特性向反方向偏移 Z_s 是由于采用正序电压的记忆量作为极化电压的原因。

反方向故障时的动作特性必须以反方向故障为前提导出。

动作方程变为：$-90°<(Z_k+Z_{zd})/-(Z'_s+Z_k)e^{j\delta}<90°$。其中 Z'_s 为本侧至对侧系统的系统阻抗，动作特性如图 3-2 所示的抛球特性，测量阻抗 Z_k 在第三象限，必然不会动作。

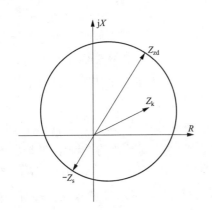

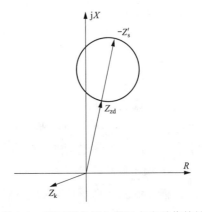

图 3-1　低压距离继电器正方向动作特性　　图 3-2　低压距离继电器反方向动作特性

2. 相间距离继电器

对于相间继电器，同样采用正序电压极化，但不带记忆，由于相间故障，其正序电压基本保留了故障前电压的相位。正、反向动作特性与图 3-1、图 3-2 相同，继电器具有较好的方向性。

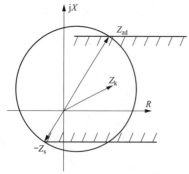

图 3-3 相间距离继电器正向动作特性

对于Ⅰ、Ⅱ段距离继电器由方向阻抗元件与电抗元件共同组成，两者相结合，提高了该距离继电器元件在短线路上使用时允许过渡电阻的能力，电抗特性动作方程为 $90°+\mathrm{Arg}Z_d<\mathrm{Arg}(Z_k-Z_{zd})<270°+\mathrm{Arg}Z_d$（$Z_d$ 为模拟阻抗），动作区如图 3-3 所示。

3. 接地距离继电器

其动作方程的形成，与相间距离继电器的区别在于工作电压增加了 $K\times 3I_0$（其中 K 为零序补偿系数，$3I_0$ 为零序故障电流）这一项。另外极化电压 $U_{p\phi}$ 采用当前正序电压极化，非记忆量，这是因为接地故障时，正序电压主要由非故障相形成，基本保留了故障前的正序电压相位。

其Ⅰ、Ⅱ段仍由两部分组成，即加入了零序电抗继电器特性，防止在对侧电源助增下可能引起的超越。

五、振荡闭锁元件

系统振荡对距离保护的影响是非常严重的，所以要求保护装置的程序应能从系统运行中捕捉到系统振荡状态并且及时地对保护予以闭锁。在 RCS-941 型保护中主要是采取系统振荡时不存在而系统故障时存在的某些特征量作为保护的开放元件，除此之外，则将线路可靠闭锁。完全符合对振荡闭锁的要求，"系统振荡或系统振荡加区外故障时，应可靠将保护闭锁；系统内部故障或振荡加区内故障时，应可靠开放保护。"

在 RCS-941 型保护中有三种开放元件。

1. 瞬时开放元件

在启动元件动作起始 160ms 以内，将保护开放。该元件主要是在正常运行突然发生故障时立即开放 160ms，确保保护动作的快速性。同时根据系统分析及振荡经验数据，在故障初始的 160ms 内，即使发生振荡，其影响也不至于使距离保护误动。

2. 不对称故障开放元件

不对称故障时，振荡闭锁回路还可由对称分量元件开放，该元件的动作判据为 $|I_0|+|I_2|>m|I_1|$（m 指取值系数，m 的取值是根据最不利的系统条件下，振荡加区外故障时振荡闭锁不开放为条件验算，并留有相当的裕度；I_0 指采样电流中的零序分量，I_2 指采样电流中的负序分量，I_1 指采样电流中的正序分量），这一元件的动作特征是非常明显，在正常运行时，I_0、I_2 很小接近于 0，而 I_1 很大，不会开放，故障

时，则表现出较大的 I_0、I_2 而 I_1 减小，开放保护。在短线路等不对称故障开放元件动作可靠性影响较大的情况下，经过计算可以证实，该元件仍然可以可靠动作或略带延时动作。

3. 对称故障开放元件

在启动元件开放 160ms 以后或系统振荡过程中，如发生三相故障，则上述两项开放措施均不能开放保护，本装置中设置了专门的振荡判别元件，通过测量振荡中心电压 $U_{OS}=U_1\cos\varphi_1$ 完成对称故障的再开放元件。该判据分为两个部分：

（1）$-0.03<U_{OS}<0.08U_n$，延时 150ms 开放。延时 150ms 主要是躲过系统振荡时，U_{OS} 在该范围的时间，下面分析一下 150ms 时间的确定原则。当振荡中心电压为 $0.08U_n$，两系统相角差为 $\varphi_1=2\times\arccos 0.08=2\times 85.4°\approx 171°$，当振荡中心电压为 $0.03U_n$ 时，两系统相角差为 $\varphi_2=360°-2\arccos 0.03=360°-176.6°\approx 183.5°$，则 U_{OS} 在系统振荡时，符合上述范围的角度为 $\varphi=(180°-171°)+(183.5°-180°)=12.5°$。设系统最大振荡周期为 3s，则 φ 角对应的时间为 $t=12.5°\times 3000\text{ms}/360°=104.2\text{ms}$，故设置取延时 150ms 已有足够的裕度。

（2）$-0.1U_n<U_{OS}<0.25U_n$，延时 500ms 开放。该判据作为前一判据的后备，以保证任何三相故障情况下保护不可能拒动。500ms 延时的确定原则同上。

六、零序方向过电流保护

零序方向的判定采用自产 $3\dot{U}_0$ 和自产 $3\dot{I}_0$。因此，装置零序电压不需要专门的电压互感器开口三角电压，有效的防止了该电压极性接线错误而导致的误动作。电流回路也不由专门的零序电流互感器引入，但受零序过电流启动元件控制。

七、电压互感器二次回路断线

在 RCS-941A 保护装置中，设有距离保护模块和零序功率方向功能模块，当电压互感器二次侧发生断线时，均可能造成保护误动或拒绝动作，故而装置必须根据相应的条件予以判断，适时地对保护功能加以闭锁。

为了更清晰的了解断线闭锁功能的变化，通过对常规保护中的断线闭锁功能与微机保护判据相比较，确保知识的完善性。

1. 常规保护中的断线闭锁

在常规保护中运用磁比较式继电器构成电压断线闭锁元件，其原理接线如图 3-4 所示。其两个电压绕组匝数相同，极性相反。

正常运行情况下，$\dot{U}_A+\dot{U}_B+\dot{U}_C=0$，开口三角形输出 L-N 为 0，磁比较继电器不会动作，不会发出交流电压回路断线信号，也不会将保护闭锁。

当回路中发生一相或两相断线时，这时星形接线零序电压回路就会产生一个零序电压，而由于系统中并没有故障，所以开口三角 L-N 无电压输出，磁平衡继电器磁通

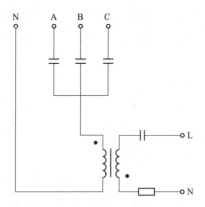

图 3-4 常规电压断线闭锁原理

不再平衡而动作，闭锁距离保护并发出交流电压回路断线信号；当发生三相 TV 二次熔断器同时熔断时，磁平衡继电器会产生拒动，采取防止上述拒动的措施是在互感器二次回路熔断器 C 相两端并联一个 10pF 左右的小电容，当三相断线时，C 相电压通过并联电容作用于平衡继电器产生单侧零序电压，使其动作。

当电力系统发生接地故障时，这时 $\dot{U}_A + \dot{U}_B + \dot{U}_C = \dot{U}_{LN}$，磁通仍处于平衡状态，不会发出交流电压回路断线信号。

2. 微机保护（以 RCS-941A 为例）TV 断线判据

（1）TV 断线判据如图 3-5 所示。

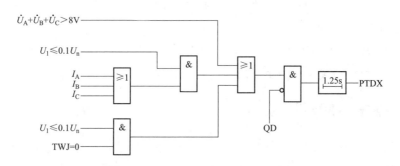

图 3-5 微机保护（以 RCS-941A 为例）TV 断线判据

1）当三相电压向量和大于 8V 时，延时 1.25s 发 TV 断线异常信号，如当发生一相或两相电压断线时，则三相电压向量和为 57.7V，远远大于 8V，故该判据主要是针对不对称断线的判定。

2）当正序电压小于 33V 时，当任一相有流元件动作或 TWJ 不动作时，延时 1.25s 发 TV 断线异常信号。正序电压小于 33V，主要是针对于 TV 三相断线的情况，判断有电流或 TWJ 不动作，说明断路器在运行状态。

以上这些判定都是在正常运行程序中进行的，当启动元件动作后，即 QD＝1，则闭锁该判定逻辑，这时进入故障测量程序。

（2）TV 断线对保护功能的影响。

TV 断线信号动作的同时，退出纵联距离、纵联零序和距离保护，自动投入两段 TV 断线相过电流保护，零序过电流元件退出方向判别，零序过电流 I 段可经控制字选择是否退出。TV 断线时可经控制字选择是否闭锁重合闸。TV 断线相过电流保护受距离压板的控制。TV 断线过电流又称为紧急状态保护，主要考虑在 TV 断线的情况下，距离保护、零序方向保护均可能全部退出，此时发生故障，在最极端的情况下必须有保护切除，故采取最简单的过电流保护，但整定时限长，即保证所有其他的保护均不动作的情况下，本保护也能最终切除故障。

对 RCS-941AU 和 RCS-941DU 装置，TV 断线退出低压保护。当重合闸投入且装置整定为重合闸检同期或检线路无压母线有压、检母线无压线路有压重合闸、检线路无压母线无压重合闸方式时，则要用到线路电压，TWJ 不动作或线路有流时检查输入的线路电压小于 40V，经 10s 延时报线路 TV 异常。线路电压正常后，经 10s 延时线路 TV 断线信号复归。

第二节　RCS-941A 型微机保护动作逻辑

上一节讲解了该保护中的各个故障测量元件的动作特性及原理，这一节将要讲解相应的动作逻辑流程。依据 RCS-941A 型保护装置的逻辑框图，将详细分析各测量元件对应的逻辑流程。这一节的学习，对 110kV 继电保护维护、调试工作等实践工作有重要的指导意义，同时为现场工作中分析事故、处理缺陷提供理论上基本的依据。在学习中，要求对任一故障测量元件的逻辑流程均必须全面掌握，并能根据保护的动作情况对实际故障状态予以简单的分析。

一、振荡闭锁

振荡闭锁功能经控制字"投振荡闭锁"选择投退，"投振荡闭锁"=1，振荡闭锁功能投入；"投振荡闭锁"=0 时，距离保护不经振荡闭锁直接跳闸，如图 3-7 中，可以明确的看出，当"投振荡闭锁"=0 时，将高电位直接引入振荡闭锁开放回路。在定值清单中，"投振荡闭锁"对应该功能的投入和退出。

对于振荡闭锁开放回路的分析前面已经介绍过，这里只做简单说明。由图 3-6 可见，闭锁开放元件由三个部分组成，不对称故障开放元件与对称故障开放元件经或门 1、或门 3 实现对保护功能的开放，这主要是针对振荡闭锁元件开放 160ms 之后再发生故障的再开放功能。

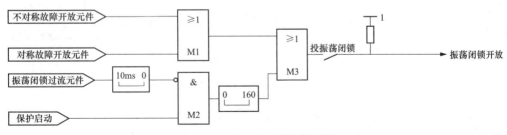

图 3-6　RCS-941 振荡闭锁逻辑

另一元件则为保证在正常运行状态下突然发生故障保护能快速动作而设置的开放元件，启动元件动作，按躲过最大负荷电流整定的"振荡闭锁过流元件"无动作或动作不到 10ms，则开放 160ms。这一元件反应的系统先发生故障，无振荡或故障之后才发生振荡的情况。

二、距离保护及其后加速

Ⅰ段接地距离、Ⅱ段接地距离、Ⅲ段接地距离、Ⅰ段接相间距离、Ⅱ段相间距离、Ⅲ段相间距离，分别为接地距离和相间距离动作测量元件，均为本章前述讲解的各阻抗测量元件。上述各段均可经控制字选择投退。

以相间Ⅰ段为例讲解保护的动作过程：如图 3-7 所示，当被保护线路在相间阻抗Ⅰ段范围内发生 AB 相间故障时，故障选相元件选择 AB 相间故障，故障测量元件"Ⅰ段相间距离"动作，这时若系统无振荡，与门5输出为1，至距离Ⅰ段时间元件，若保护屏距离投入压板投入时，启动跳闸出口继电器。另外的几段保护其动作逻辑基本一致，只是Ⅱ、Ⅲ段动作必须要经过相应的延时，以实现各级线路动作时限的阶梯时限配合。

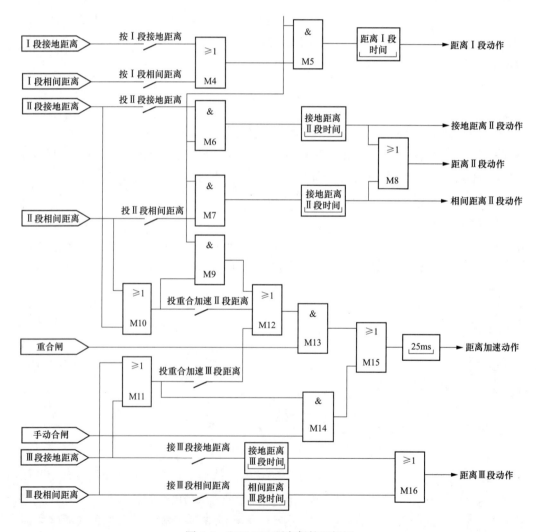

图 3-7 RCS-941 距离保护逻辑图

距离保护的后加速回路，后加速回路包括两个部分，即手合后加速距离保护及重合于永久性故障的后加速距离保护（注意后加速距离必须在屏上的"距离投入压板"投入，且相应的被加速段投入后才有效）从图3-7中可知道，手合后加速同时加速接地距离Ⅲ段和相间距离Ⅲ段，不经任何控制字投退且一直投入。"手动合闸"＝1（表示符合手合条件），且相应的故障测量元件Ⅲ段相间距离继电器或Ⅲ段接地距离继电器动作，经或门11、与门14、或门15，经25ms时限跳闸；而自动合闸于故障线路时加速跳闸有二种方式：一是受振荡闭锁控制的Ⅱ段距离继电器（包括Ⅱ段接地距离继电器和Ⅱ段相间距离继电器）在合闸过程中加速跳闸，二是在合闸时，还可选择"投重合加速Ⅱ段距离""投重合加速Ⅲ段距离"，由不经振荡闭锁的Ⅱ段或Ⅲ段距离继电器加速跳闸。

再提一下振荡闭锁对距离元件的闭锁作用。从图3-7中可以看出，振荡闭锁元件只对接地、相间距离的Ⅰ、Ⅱ段予以闭锁，而对于Ⅲ段则不进行闭锁。这是由于距离Ⅰ、Ⅱ段保护的延时时间较短，不能躲过系统的振荡周期，即振荡中心在其动作范围内的时间大于保护功能的动作延时，若不加入振荡闭锁，可能会造成保护的误动作。而对于距离Ⅲ段，其动作时限大于系统可能的最大振荡周期，在系统振荡时，不会造成保护误动作，故不必加入振荡闭锁元件。另外在系统振荡条件下，不经振荡闭锁的距离Ⅲ段可以作为相邻元件可靠的远后备保护。

在保护逻辑中设有双回线相继速动保护及不对称故障相继速动保护。由于其逻辑判断均需要距离Ⅱ段元件的参与，故其动作行为受"距离投入压板"的控制。上述两种相继速动方式实质上是对距离Ⅱ段在特定系统条件下增加一部分辅助判据进行的加速。

三、零序功率方向过电流保护及后加速功能

图3-8是RCS-941零序保护逻辑图，首先简单分析纵联零序保护功能，在110kV电网中该功能（即相应的不同软件版本）应用较少。与在220kV及以上电网中应用的纵联保护功能一样，自产零序启动元件和外接零序启动均动作时，开放零序功率正方向元件的判断，这是判定零序电流大于纵联零序过流元件定值，本侧继电保护装置输出"零序正方向"元件动作，与收发信机等通信通道设备构成纵联保护。

该保护有四段式零序测量元件，可经控制字选择经或不经零序方向判别元件的闭锁。以零序功率方向过电流Ⅱ段为例说明其动作流程（设零序Ⅰ段不投）。当在线路零序功率方向过电流Ⅱ段保护范围内，且正方向发生接地故障时，其零序电流大于"零序过电流Ⅱ段定值"，测量元件"Ⅱ段零序元件"动作，这时零序正方向故障判别元件动作，与零序启动元件一起经与门6输出逻辑"1"至零序过电流Ⅱ段时间元件，使TJ动作。

对于零序保护中的加速段，在RCS-941A保护中设置独立的零序加速段，而不采用传统的加速零序Ⅱ段或零序Ⅲ段、零序Ⅳ段的方式，其"零序过流加速元件"定值可以单独整定，当手动合闸或自动重合于永久性故障，且这时$3I_0 >$"零序过流加速元

件",经与门 9 及 100ms 或 200ms 的延时,启动出口继电器。注意加 100ms 或 200ms 延时是为了躲过由于断路器三相不同步合闸造成的非全相负荷运行过程中产生的零序电流。根据故障严重程度(最小相电压是否小于 $0.8U_n$)装置自动判别零序加速采用 100ms 或 200ms 延时。

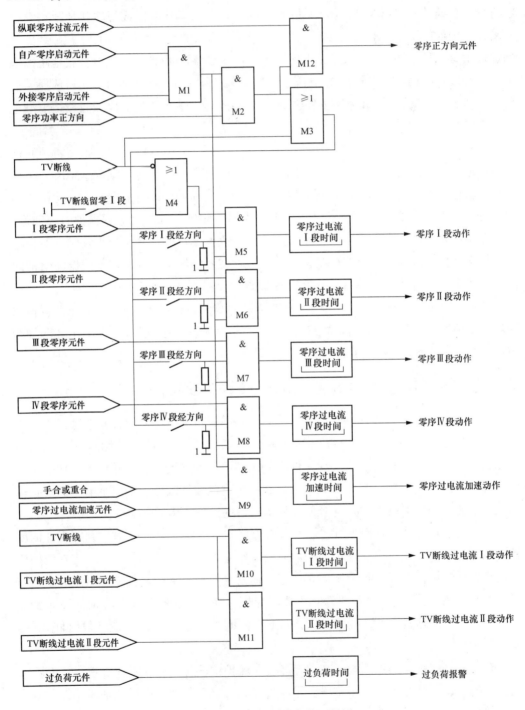

图 3-8 RCS-941 零序保护逻辑图

另外在零序后加速保护中值得注意的问题，零序过电流加速段不受任何压板控制。

对于电压互感器断线在零序保护逻辑中的影响，有三个方面：一是经方向元件闭锁的各段零序方向过电流保护均退出运行；二是若"TV断线留零Ⅰ段"控制字为1，则当TV断线情况下，零序Ⅰ段仍然保留不经方向元件闭锁，该判据的主要依据是因为零序Ⅰ段的定值是按照躲过本线路末端发生接地故障时最大零序电流整定，所以考虑在TV断线情况下也不会误动作，所以可以保留；三是当TV断线情况下，装置自动化投入两段零序应急保护。

四、重合闸逻辑

在 RCS-941A 中配置三相一次重合闸逻辑，如图 3-9 所示。

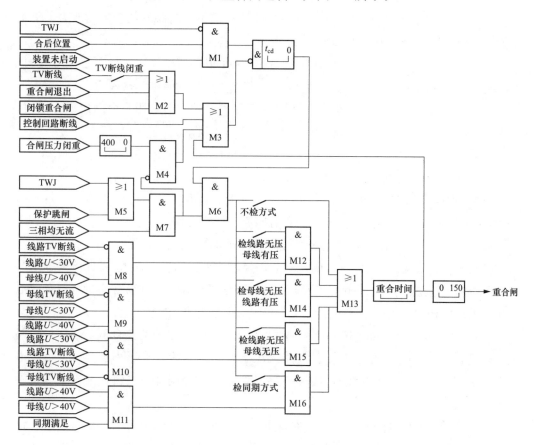

图 3-9　RCS-941 重合闸逻辑

1. 充电条件

为保证仅进行一次合闸，重合闸必须在充电完成后才能动作，其充电条件为：

（1）合后位置＝"1"，表示断路器是由运行人员就地或远方手动合闸。

（2）TWJ不动作，表示断路器处于合位，线路处于运行状态。

（3）启动元件不启动，说明在正常运行状态。

满足上述三个条件，这时图 3-9 中与门 1 动作，同时没有闭锁重合闸的开入量，经充电时间 $t_{cd}=15\mathrm{s}$，重合闸充电完成，具备重合闸条件。

2. 放电条件

（1）闭锁重合闸开入有输入（如母线差动保护动作）。

（2）重合闸未启动，且"合闸压力闭锁"开入量有输入，经 400ms 延时后闭锁重合闸，之所以要以重合闸未启动为闭锁条件，说明重合闸启动后，该放电条件被闭锁，是为躲过重合闸过程中压力的突然波动造成重合失败；另外"合闸压力闭锁"经400ms 延时闭锁，主要是防止在正常运行时由于环境等的影响造成压力波动而造成重合闸的误闭锁。

（3）重合闸动作后放电，防止多次重合。

（4）控制回路断线时闭重，因为此时断路器机构不具备跳闸或合闸的能力，更不可能完成跳闸→重合→重合于永久故障再跳闸的过程。

（5）可选的 TV 断线闭重，当使用检同期等可能用到母线电压的重合闸方式时，TV 断线时已不具备相应电压的判别能力，应将"TV 断线闭重"投入。

（6）重合闸退出，按照线路重合闸的运行方式要求，当采用重合闸退出方式时，作为重合闸的放电条件之一，确保重合闸功能的可靠退出。

3. 启动方式

重合闸的启动方式包括两种启动方式，即保护启动方式和不对应启动方式，两者任一个条件满足，且三相均无流（说明开关已跳开且灭弧充分），至与门 7，经过与门6 中同时对"充电完成"进行判断，即重合闸启动回路动作。

从图 3-9 中可以看出，重合闸可经控制字选择 6 种不同的方式：

（1）不检方式＝1。只要重合闸启动后，经重合闸时间后则发出 150ms 重合闸脉冲及重合闸加速脉冲 $t_{js}=400\mathrm{ms}$。这种重合闸方式主要用于负荷线路的断路器及双电源线路采用单相重合闸的模式（主要在 220kV 及以上电网中应用）。

（2）检线路无压母线有压方式。主要用于双电源的线路中的先合侧，当"检线路无压母线有压"＝1，若母线有压且线路无压条件满足（线路电压小于 30V，母线电压大于 40V，线路 TV 无断线），经过与门 12，启动重合闸计时逻辑，并进行重合闸操作。

（3）检母线无压线路有压方式，主要用于负荷站（低压部分带有地区小电源）进线断路器的重合闸，母线电压小于 30V，线路电压大于 40V，母线 TV 无断线，启动重合闸计时逻辑，保证只有在本线供电母线无压且本线有压的情况下才进行重合，防止造成系统与小电源的非同期并列。

（4）检线路无压母线无压方式，线路电压及母线电压均小于 30V，两者均无 TV断线，启动重合闸计时逻辑。

（5）检同期方式。主要用于双电源线路中的后合侧（同期侧），"检同期方式"＝1，母线及线路有压满足（均大于 40V），且"同期条件"满足输出为"1"，与门 11 动作，经与门 16，启动 t_{cd} 延时，进行重合操作。

需要注意的是，在检无压侧要同时投入"检同期方式"，主要是为防止检无压侧断路器发生偷跳时，可靠启动重合闸逻辑，纠正这种不正确动作。

五、距离保护及零序电流保护在整定中应注意的问题

1. 距离保护的整定规则

（1）阻抗Ⅰ段不能整定为 0。

（2）各段定值之间满足阶梯配合原则，如果某一段定值不用，则整定为上一段定值（尽管这种规则在现在的微机保护中要求不是很严格，但根据这种规则可以清楚的看出保护各段的投退情况）。

（3）各段时限满足阶梯配合原则，$t_2 \leqslant t_3$。

2. 零序保护的整定原则

（1）电流定值满足 1L0≥2L0≥3L0≥4L0≥L0qzd（零序启动值，在 MONI 定值清单中整定）。

（2）时间定值满足 $t_{02} \leqslant t_{03} \leqslant t_{04}$，某段零序过电流保护不使用时，时间定值应与相邻时间段定值最长值保持一致。

六、故障显示信息自检报告说明

故障显示信息自检报告见表 3-1。

表 3-1　　　　　　　　　　故障显示信息自检报告

序号	自检出错信息	含义	处理建议
1	存储器出错	RAM 芯片损坏，闭锁保护	通知厂家处理
2	程序出错	FLASH 内容被破坏，闭锁保护	通知厂家处理
3	定值出错	定值区内容被破坏，闭锁保护	通知厂家处理
4	采样数据异常	模拟输入通道出错，闭锁保护	通知厂家处理
5	跳合出口异常	出口三极管损坏，闭锁保护	通知厂家处理
6	直流电源异常	直流电源不正常，闭锁保护	通知厂家处理
7	DSP 定值出错	DSP 定值自检出错，闭锁保护	通知厂家处理
8	该区定值无效	装置参数中二次额定电流更改后，保护定值未重新整定	将保护定值重新整定
9	光耦电源异常	24V 或 220V 光耦正电源失去，闭锁保护	检查开入板的隔离电源是否接好
10	零序长期启动	零序启动超过 10s，发告警信号，不闭锁保护	检查电流二次回路接线
11	突变量长启动	突变量启动超过 10s，发告警信号，不闭锁保护	检查电流二次回路接线
12	TV 断线	电压回路断线，发告警信号，闭锁部分保护	检查电压二次回路接线
13	线路 TV 断线	线路电压回路断线，发告警信号	检查线路电压二次回路接线
14	TA 断线	电流回路断线，发告警信号，不闭锁保护	检查电流二次回路接线
15	TWJ 异常	TWJ=1 且该相有电流或三相长期不一致发告警信号，不闭锁保护	检查断路器辅助触点
16	控制回路断线	TWJ 和 HWJ 都为 0，重合闸放电	检查断路器辅助触点
17	角差整定异常	母线电压 U_A 与线路电压 U_X 的实际接线与固定角度差定值不符	检查线路电压二次回路接线

其中 1～9 项的出现为致命故障，BSJ 继电器返回闭锁整套保护装置（通过断开出口继电器正电源实现），其他几项只发出报警信号，提醒运行人员注意而不闭锁保护。

第三节　电压切换及操作插件

在 RCS-941A 型保护装置中，配置电压切换插件 YQJ，完成本装置使用电压或其他设备（从保护屏引出，供给远动测控、电能表等）使用电压的母线选择。操作回路则完成与一次断路器的操作接口，实现对断路器的跳合闸操作及接受断路器的状态信息（位置信息、压力信息）确定保护的动作行为或使保护装置对一次设备状态作出正确的指示。

一、电压切换插件

南瑞公司生产的电压切换插件有带保持及不带保持的两种，其基本原理比较简单，只对电压切换的信号及应注意的问题予以简单的说明。

1. 电压切换回路动作状况的信号指示

如果隔离开关 4G 在运行位置且用于电压切换的辅助触点（如图 3-10 中 1YQJ、2YQJ）不通，这时将造成 1YQJ、2YQJ 同时返回，使切换后电压回路（保护装置使用电压）失压，这时应发出 TV 失压信号，回路接线如图 3-10 所示。

在回路中串联 HWJ（合闸位置继电器）的动合触点，主要是防止在一次设备检修状态下该信号持续发出的问题。这样当本线路断路器检修时，断路器合闸位置继电器返回，动合触点断开，不发电压断线信号。

YQJ 同时动作信号。这一信号的发出关系到 TV 的二次并列问题，如图 3-11 所示。当 1YQJ、2YQJ 同时动作，则 4 号母线二次电压 A630、B630、C630 与 5 号母线二次电压 A640、B640、C640 在切换后的公共部分 A710、B710、C710 处实现并列。

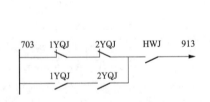

图 3-10　TV 失压信号接线原理图

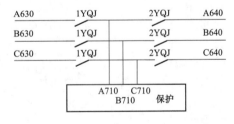

图 3-11　YQJ 同时动作信号原理说明

2. 切换回路采用保持插件的动作行为及相关问题

切换回路采用保持插件原理接线如图 3-12 所示。

其中 1YQJ、2YQJ 为双位置继电器，以 1YQJ 的动作行为为例，并且定义，隔离开关 4G 对应 4 号母线，其动合辅助触点对应电压切换回路中 1YQJ 的启动和 2YQJ 的返回，当隔离开关 4G 合入，731 带正电，1YQJ 动作，同时 2YQJ 复归；隔离开关

4G 拉开，731 失电时 1YQJ 并不返回；当隔离开关
5G 合入，741 带正电时，1YQJ 才返回。

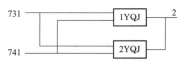

图 3-12　切换回路采用保持
插件示意图

在电网中，一般不采用保持型电压切换插件，
主要是为了防止辅助触点返回时，由于切换继电器
的自保持作用，装置仍有电压（切换后电压）输入。
这样在进行试验时，必须拆开切换后电压端子，在切换后电压进入装置的一侧加入电
压，否则，会将加入的试验电压经过 YQJ 触点反送到二次电压母线及一次 TV 回路，
人为造成事故。另外，从保护的原理上讲，当 TV 断线后，会自动闭锁距离保护并退
出零序过流的方向元件，保护不会误动作，故不用电压切换的自保持来解决 YQJ 接
触不良（也包括由于隔离开关辅助触点及相关二次回路造成的 YQJ 返回问题）造成
的误动问题，所以采用带保持的电压切换插件的必要性不大。

二、断路器操作插件

其操作插件与低压保护中配置的插件完全一致，故其操作流程不再介绍，只介绍
该操作回路在实际接线中应注意的问题。

（1）根据反措的要求，保护装置的电源及断路器的控制回路电源分别设置独立的
自动空气开关或熔断器，这主要是为了当被保护元件故障且保护电源中断而拒动时，
可以由相邻的其他保护对断路器予以操作，但在 110kV 系统中，仅设置单套继电保护
和单套操作回路断路器的情况下，意义不是很大。

（2）在综合自动化变电站中，需要实现断路器的远方跳合操作，这时遥控正电源
不通过闭锁回路直接接至操作正电源。其中，"五防"闭锁功能由操作计算机软件逻
辑实现。

（3）在操作回路中设置有跳、合闸的自保持回路 TBJ、HBJ，以保证在断路器的
跳合闸回路由断路器辅助触点切断，不会烧坏遥控的跳合触点，但若断路器的辅助触
点不能良好转换（包括断路器拒动）时，会烧坏自保持回路，所以在手动进行断路器
的跳、合闸操作时，若位置指示灯不能及时指示断路器位置的转换情况时，应迅速断
开断路器操作电源。

（4）KKJ 继电器的有关说明。KKJ 是一个双位置继电器，对应传统控制回路中
操作手把的合闸后位置和跳闸后位置。继电器两线圈不能同时带电，当手动合闸后，
KKJ 在合闸后位置接通，并且保持，一方面给重合闸逻辑作为开入，提供充电条件；
另一方面与 TWJ 串联构成事故跳闸时的音响启动回路。当手动跳闸时，KKJ 才返回，
即另一线圈接通并保持，作为闭锁重合闸的开入（手跳放电）。

（5）手动跳、合闸接 BC1、BC3，手动跳闸通过复位 KKJ，闭锁重合闸，同时该
端子也接入不允许重合闸的保护跳闸回路，如低频保护、母差保护等。而 BC2 接入允
许启动重合闸的保护，这时 KKJ 不动作（保证充电完成），保持合后位置，满足重合
闸的动作启动条件。

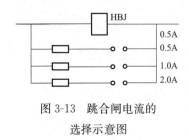

图 3-13 跳合闸电流的
选择示意图

（6）跳合闸电流的选择。为确保操作插件的通用性，适用不同电阻值跳、合闸线圈的断路器，而使其跳、合闸电流可以通过跳线方便选择，如图 3-13 所示（以合闸回路为例）；在 HBJ 电流线圈上并联电阻，以适应不同的合闸电流，其中 HBJ 继电器不并联电阻时回路电流为 0.5A，另外的三个电阻分别代表增加 0.5A、1.0A、2.0A，最后回路的实际合闸电流为投入各支路的电流之和。如对应 2.0A 的电阻的跳线连接时，则合闸回路电流为 2.5A，跳闸回路电流的选择同合闸回路调整方式一致。

三、信号回路

根据二次回路设计规程要求，继电保护装置应能对必要的测点（包括装置自身的软硬件或外部输入条件）予以监视，并根据相应的判断发出声、光信号，以便运行、维护人员及时处理，这就是中央信号的作用，具备就地监控系统的变电站，保持类的中央信号直接接于就地监控系统，通过就地手动或远方复归相应的告警信号。另外在配置远传系统需要将信息上传的，由保护装置给出相应的远动信号。

RCS-941A 型保护的中央信号及其说明如图 3-14 所示。

901——保护跳闸；903——重合闸；905——保护装置故障或异常；907——控制回路断线；909——分闸闭锁。另外，需要注意的是，当采用断路器就地配置的分合闸闭锁压力（弹簧储能）继电器在就地断路器操作回路进行闭锁时，有就地的压力辅助中间继电器触点发出告警信号。另外，需要将就地重合闸闭锁继电器的辅助触点单独引入继电保护装置，以实现压力降低对重合闸的闭锁。

远动信号其触点示意如图 3-15 所示。需要注意的是当就地有中央信号屏及控制屏的变电站，与远动机联系的 TJ 与 HJ 触点应为瞬动触点，人为复归（在远动机确认），只记录触点动作与复归的时刻。另外在故障录波回路也应采用瞬动触点，反应出口触点动作及返回的实际过程。

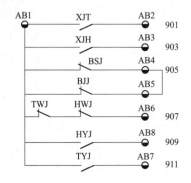

图 3-14 RCS-941A 型保护的中央信号

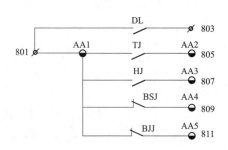

图 3-15 RCS-941A 型保护的远动信号

第四章　220kV系统继电保护

220kV 电网是现代电网的主要组成部分，通过本培训内容，目标是要求技术人员对 220kV 电网设备继电保护配置情况有深入的了解，在分析各种继电保护功能简要原理的基础上，掌握电网发生故障情况下，继电保护保护装置的动作行为。结合现场继电保护运行，重点明确在系统运行的各种方式和情况下，对继电保护操作和运维管理原则。

第一节 电力系统继电保护区域重叠的重要意义

电力继电保护动作区域的重叠是有效保障电力设备在任何情况下都不失去保护功能的重要举措，且可以有效防止保护死区的存在。220kV 系统元件（线路、变压器）的主保护与母线差动保护范围交叉是防止保护死区的重要举措。

一、纵联电流差动保护区域

现在 220kV 电网采用的纵联电流差动保护主要有南京南瑞继保电气有限公司（南瑞继电保护公司）的 RCS-931、北京四方继保自动化股份有限公司（北京四方公司）的 CSC-103 及许继集团有限公司（许继集团）的 WXH-803 等型号。其主要特点是由接在线路两侧的两个"半套"装置构成一整套保护，线路两侧用于纵联电流差动保护的电流互感器之间的区域为保护的动作区，如图 4-1 所示。

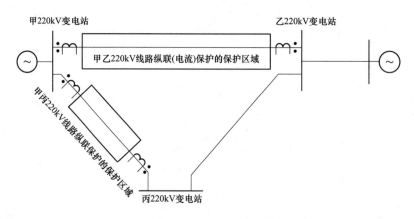

图 4-1 纵联电流差动保护区域示意图

二、母差差动保护区域

由母线所连接的各个元件（包括母联断路器）接入母差保护的电流互感器绕组位置所确定的区域。

需要明确的概念是，在双母线差动保护中，大差元件是母线内部故障的选择元件，而小差元件是故障母线选择元件。以大差为例，接入电流是母线上所有连接元件的电流（不包括母联开关），这样大差启动元件的保护范围就确定了，如图 4-2 所示。

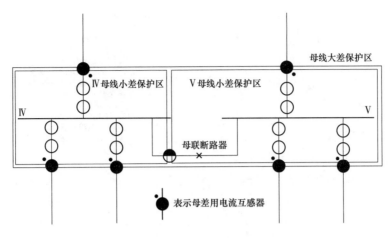

图 4-2 母线差动保护保护范围

三、保护区域的交叉

根据继电保护运行规定，任何电力设备不得在无继电保护的状态下运行，对于 220kV 以上多电源系统，为保证系统运行的稳定性，任何位置的故障必须保证瞬时切除。如图 4-3 所示，若编号为"TA1"的电流互感器接入母线差动保护，编号为"TA2"的电流互感器接入线路保护 1，编号为"TA3"的电流互感器接入线路保护 2，就会出现保护死区，即，母差保护区域与线路保护保护区之间的部分为继电保护死区。

正确配置方案应该是，编号为"TA1""TA2"的电流互感器接入线路保护 1、2；编号为"TA3"的电流互感器接入母线差动保护，两者有公共保护区，如图 4-3、图 4-4 所示。

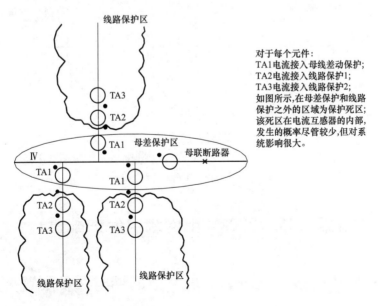

图 4-3 母线保护与线路保护区域交叉示意图一

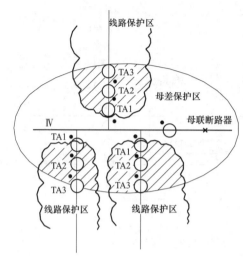

图 4-4　母线保护与线路保护区域交叉示意图二

需要说明的是，系统发生故障时，若线路保护与母线保护同时动作，则说明是公共区域发生故障，实际该公共区域在电流互感器的内部。

四、后备保护依靠定值的阶段性配合，实现保护区域的重叠

后备保护的保护区大小以整定的定值进行划分，以距离保护为例，距离Ⅰ段一般按照本线路全场的$80\%\sim85\%$整定，其保护区不超过本线路全长，距离Ⅱ段不超过下一线路Ⅰ段保护区，并且有$0.5s$延时，同时也实现了保护区的交叉，如图4-5所示。

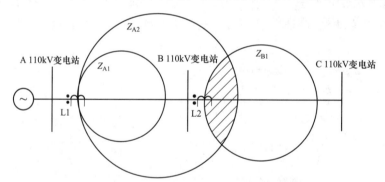

图 4-5　后备保护范围配合关系示意图

Z_{A1}—线路保护 A 距离一段整定阻抗；Z_{A2}—线路保护 A 距离二段整定阻抗；

Z_{B1}—线路保护 B 距离一段整定阻抗

第二节　220kV 电网继电保护配置

一、双母线接线方式下，220kV 电网继电保护配置要求

按照大电网安全运行要求和继电保护可靠性配置要求，220kV 电网继电保护的双

重化率逐年提升，继电保护双重化在电网安全可靠运行的保障作用也日益明显。

保护配置的双重化实现了当一套保护拒绝动作时，可有另一套保护动作切除故障，有效地防止了保护拒动造成的事故扩大问题；但当两套保护均正确动作，但断路器拒动时，同一元件保护双重化不能解决问题，这时要设置断路器失灵保护，动作切除与拒动元件在同一母线上的各个元件（包括母联），这实际上实现了对同一故障切除的"断路器"的双重化。

在 110kV 及以下电网继电保护中，是通过远后备保护实现继电保护的双重化和"断路器"的双重化，当本级保护或断路器拒绝动作时，由上一级元件的继电保护跳开上一级相应的断路器，以切除故障。

二、系统继电保护功能配置

1. 线路保护

配置两套独立的主、后一体化保护，每套保护均具有完整的主保护及后备保护功能。主保护为能保证全线路速动的纵联保护［南瑞继电保护公司的 RCS-931、北京四方公司的 CSC-103、许继公司的 WXH-803、长园深瑞继保自动化有限公司（深圳南瑞公司）的 PRS-753 属于纵联电流差动保护，南瑞继电保护公司的 RCS-901、LFP-901 为纵联方向保护，北京四方公司的 CSL-101、国电南京自动化股份有限公司（南自公司）的 PSL-602G 为纵联距离保护］；后备保护为阶段式相间距离保护、接地距离保护及零序（方向）过电流保护，为了防止 TV 断线情况下，由于装置自动退出距离保护及零序方向保护段而失去后备保护功能，设置 TV 断线情况下自动投入的"TV 断线下相过电流保护及零序过电流保护"。

对于三面屏配置的线路保护，有独立的辅助屏，有公用的具备两个跳闸线圈的操作箱，合闸回路为一套，在早期的保护配置中，操作箱中还配置有两套线路保护公用的电压切换插件，另外本屏配置的失灵启动装置（如 RCS-923C）还完成失灵启动电流判据的功能。

继电保护标准化设计工作开展以来，220kV 线路保护均采用两面屏配置，在每一套独立的线路保护屏上配置该保护专用、独立配置的操作箱及电压切换单元。两套保护完全独立的理念有了进一步的推进，目前，重合闸功能仍采用其中一套保护的重合。

2. 变压器保护

三面屏保护配置，两套完全独立的主、后一体化保护，同时配置完全独立的电压切换箱，继电保护标准化设计中，每套保护配置有独立的 220kV 侧操作箱。第三面屏为辅助保护屏，主要有非电量保护功能，原有配置中还有失灵启动电流判别功能，另外配置有中、低压侧操作箱。

变压器的非电量保护主要是瓦斯保护（本体重瓦斯、调压重瓦斯）作用于跳闸，是变压器内部故障，特别是短路匝数较少的匝间短路的主保护，这时差动保护的灵敏度不足可能不动作。

主后一体化保护装置，各厂家的配置基本一致，电气量主保护为差动保护（保护范围以接入装置的三侧电流互感器为界，具体功能包括稳态比率差动保护、变化量比率差动保护、差动速断保护），后备保护为符合电压闭锁方向过电流保护（复合电压及方向元件可以投退），零序方向过电流保护（方向元件可以投退），对于中性点不接地变压器，还配有间隙过电压和间隙过电流保护。

3. 母线差动保护（具备断路器失灵保护功能）

系统中广泛应用的母线差动保护主要有以下几种类型，南瑞继电保护公司的RCS-915、深圳南瑞公司的BP-2B、北京四方公司的CSC-150、上海继电器厂的PMH-150，其中 PMH-150 为中阻抗型电磁式保护，逐渐退出应用，其余三类均为微机型，保护装置及工作原理相同。

装置功能包括，稳态量比率差动保护、工频变化量比率差动保护、母联失灵及母联死区保护，另外，装置中配置的母联充电、母联不一致、母联过电流保护功能不用。具有失灵功能的保护装置，还具有各母线支路断路器失灵保护功能。

4. 断路器失灵保护

220kV 继电保护建设的较长一段时间，其配置有独立的失灵保护，主要原因是由于母差与失灵保护均为单套配置，把失灵与母差独立配置，不会产生母差和失灵保护同时退出的严重后果。

尽管 PMH-150 系列逐渐退出运行，但鉴于系统中仍有采用，对其中的一个关键回路进行重点提醒。即，当 PMH-150 系列母差保护退出运行进行校验工作时，一定要同时退出 PMH-150 系列失灵保护屏的"2245 失灵启动"压板，如图 4-6 所示。

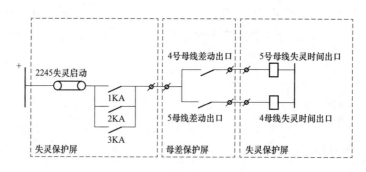

图 4-6　失灵启动示意图

在 PMH-150 失灵保护中，配置有母线差动保护动作、2245 断路器失灵的交叉跳闸回路，即当 4 号母线故障 2245 断路器失灵，启动 5 号母线失灵出口，将 5 号母线各元件跳闸，以隔离故障点；对于 5 号母线故障 2245 断路器失灵的情况相同。

在母线差动保护试验时，如果在模拟母线差动保护动作时，如果由于 2245 断路器通过的电流使得 2245 失灵电流判别元件 1KA、2KA、3KA 的任一继电器动作，将造成失灵的误启动，跳开运行母线。

第三节 220kV 线路保护原理及运行操作注意事项

本节介绍 220kV 电网线路保护的基本原理，对于 220kV 线路保护，经历了技术原理革新的长期阶段，线路横差保护、高频相差保护已经在电力系统中退出运行，纵联方向保护和纵联距离保护曾经在 220kV 及以上电压等级线路的安全稳定运行中发挥了重要的作用，如今在电网中运行的套数也在逐渐减少；纵联电流差动保护在 220kV 电网线路保护中的应用展开新的篇章。

一、纵联电流差动保护

1. 基本原理

通过比较被保护线路两端电流大小及相位构成的继电保护装置，由于任一侧保护动作条件中需要同时计算对侧电流的大小及相位，所以必须将对侧信息传输至本侧（包括电流的采样值、对侧差动保护功能投退压板、对侧断路器位置及远跳信息）。

如图 4-7 所示，为具备双电源的线路系统，AB 线路发生区内故障、对于 BC 线路是区外故障。

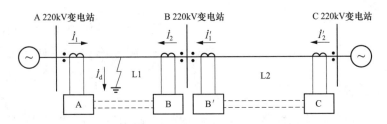

AB线路发生区内故障(以两侧TA为界), BC线路发生区外故障。

图 4-7 线路纵联电流差动保护原理示意图

对于故障线路，差动电流 $\dot{I}_{CD}=\dot{I}_1+\dot{I}_2=\dot{I}_D$（$\dot{I}_D$ 为故障点的故障总电流），$\dot{I}_1$、$\dot{I}_2$ 电流方向均为母线流向线路，所以 $I_{CD}=\dot{I}_1+\dot{I}_2$ 流入保护装置的差动电流很大，保护动作。

对于非故障线路，差动电流 $\dot{I}_{CD}=\dot{I}_1'+\dot{I}_2'=0$，$\dot{I}_1'$ 电流方向为线路流向母线，$\dot{I}_2'$ 电流方向为母线流向线路，且 $\dot{I}_1'$、$\dot{I}_2'$ 大小相等、方向相反，按照 KCL 电流定律流入等于流出，差动电流理想上为 0，保护不动作。

对于正常运行的负荷电流与区外故障分析相同。

2. 保护动作条件分析

线路纵差保护动作条件示意图如图 4-8 所示。

线路内部故障，M、N 两侧保护动作行为相同，以 M 侧纵联电流差动保护动作为例进行介绍。

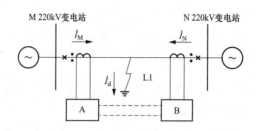

图 4-8　线路纵联电流差动保护动作条件示意图

M 侧保护动作条件为：

（1）M、N 侧保护装置之间通信通道正常。

（2）M、N 两侧保护压板均正确投入（对侧差动保护投入压板是否投入在对侧传送过来的信息中提取）。

（3）M 侧保护启动、N 侧保护跳闸允许（对侧保护启动情况及跳闸允许由通道传输标志字实现）。

（4）M 侧比率差动元件动作（达到动作定值）。

分析：

（1）第一个条件要求，当保护通道故障时，闭锁差动保护，两侧应由运行人员退出差动保护功能。

（2）由第二个动作条件可知，纵联电流差动保护是由被保护线路两侧保护装置共同组成的一整套保护功能，所以要求两侧"纵联保护功能"同步投退。如在 CSC-103B 装置中，有"差动压板不一致"信号，主要是对差动保护第二个动作条件是否满足进行监视。

（3）压板投退问题。在线路保护屏上有两种类型的压板，一种为保护功能投退压板，另一种为保护出口压板，若仅需要单独退出纵联电流差动保护，则线路两侧把"纵联电流差动保护投入压板（黄色）"退出即可，这时后备保护继续运行，出口压板主、后备保护公用。

（4）第三个条件，在双电源网络中较容易满足，但如果线路一侧为负荷侧或线路空载充电运行时，如何实现全线速动保护呢？

3. 弱电源反馈问题

弱电源反馈，在一些应用中，也有称作"负荷单带退出总出口方式"。这一功能主要杜绝的是线路无电源（或小电源）侧保护启动元件不动作的问题，这时动作条件（3）不能满足。采用的方法是，把动作条件（3）中，N 侧启动元件动作加入电压启动继电器动作，也就是说，当无电源（小电源）N 侧收到 M 侧差动元件动作信息后，且本侧有一相或相间电压低于规定值，由 N 侧向 M 侧发启动信号（即差动允许信号），电源侧 M 侧可以正确跳闸。如图 4-9 所示。

按照保护装置的工作原理来讲，这时电源侧及负荷侧仍然可以正确的选相跳闸，即单相故障可以单跳并进行单相重合闸。

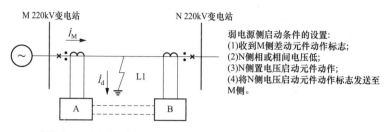

M側保护可以正确感受故障电流和电压；
N側保护启动元件不能可靠动作。

图 4-9　线路纵联电流差动保护弱馈功能示意图

根据比较普遍的运行习惯，对于双电源线路转为负荷单电源带出模式，需要结合一次系统运行方式的调整进行继电保护的调整操作。强电源側投入主保护功能及后备保护功能，出口跳闸压板正确投入；弱电源側（负荷側）仅投入"纵联电流差动保护投入"功能压板，出口均退出。对于重合闸功能，在双側电源运行中一般投入单重方式，当系统转为"负荷单带"方式运行时，强电源側重合闸由"单重"方式改为"三重"方式，弱电源側（负荷側）重合闸功能退出。

需要特别注意的事项：在一次系统由双电源线路转为单电源线路运行方式改变时，继电保护运行方式在哪个步骤进行调整呢？应该在一次系统运行方式调整完毕之后，才可以进行继电保护运行方式的调整。理由如下：若在一次系统仍处于双电源运行方式下，先将二次继电保护系统准备转为负荷側的保护跳闸出口退出，并且将强电源側的重合闸方式改为"三重"方式。存在的第一个问题是将一側的跳闸出口退出（此时仍为电源側），若这时系统发生故障，退出跳闸出口的一側保护将拒动，事故扩大；存在的第二个问题是"预备负荷側"退出重合闸而电源側投入"三重"方式，当线路两側的电源不是同一系统而有失去同步的可能性时会造成"非同期合闸"。

4. 一側电源空载充电线路，另一側断路器在分闸位置

由图 4-10 可以看出，当空载充电线路上任一点发生故障时，由于 N 側断路器断开，N 側电流互感器无电流，N 側保护不启动，M 側保护由于不能得到 N 側的"差动允许"命令而拒动。

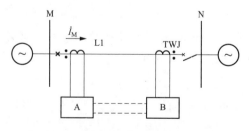

图 4-10　线路纵差保护空载充电示意图

为解决上述问题，在 N 側增加断路器跳闸位置转发允许 M 側跳闸的信号，即当 N 側收到 M 側传送的差动元件动作信号，且本側断路器在分闸位置（TWJ＝1），然

后由 N 侧向 M 侧发允许信号，使 M 侧差动保护瞬时跳闸。

操作注意事项：TWJ 的正确开入 N 侧装置是 M 侧差动保护动作的条件之一，所以即使 N 侧断路器断开，但 N 侧的控制电源也应正常保持，以保证 TWJ 继电器正确动作。

请分析如下案例：如图 4-11 所示。

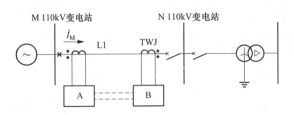

图 4-11　纵联电流差动保护案例

因为 N 变电站全站设备要停电检修，为保障安全，调度命令将 N 变电站进线断路器 QF1 断开，M 侧线路保护继续运行（具备纵联电流差动保护及后备保护功能），但 N 侧变电站运行人员将 QF1 断路器断开之后，随后将保护装置（RCS-943A）压板全部退出，关闭保护装置电源，取下 QF1 断路器控制电源，在此过程中，运行人员的操作存在多个方面的问题。

其中包括纵联通道的问题、纵联保护压板的操作问题、TWJ 转发允许信号的能力。

二、纵联电流差动保护中的远跳功能

主要作用是防止断路器与电流互感器之间发生故障时的死区问题。如图 4-12 分析断路器 QF1 与电流互感器之间发生故障时保护动作情况。

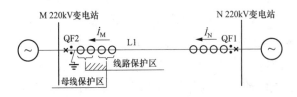

图 4-12　纵联电流差动保护远跳功能示意图

可以看出，故障点在母差保护区内，母线差动保护正确动作，M 侧母线差动保护跳开 QF2；这时对 MN 线路的纵联电流差动保护为穿越性区外故障，所以 K 点故障仍然不能切除，只能由 N 侧后备保护延时跳闸。

远跳功能：当 M 侧母线差动保护跳闸时，将 M 侧母差保护动作触点接入 MN 线路的 M 侧纵联保护经通道向 N 侧发送远跳信号，使得 QF1 瞬时跳闸，切除死区故障。

三、纵联电流差动保护在旁路代路通道切换应注意的事项

如图 4-13 所示：线路两侧的纵联电流差动保护在什么情况下退出，在什么情况下

可以投入运行？（M侧断路器带路操作）

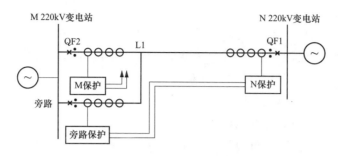

图 4-13 纵联电流差动保护旁路代路过程示意图

旁路代路线路断路器运行时，在差动保护中可能产生差动电流之前退出线路两侧的纵联电流差动保护装置；当通道切换完成以后，并且 M 侧旁路保护装置与 N 侧保护装置构成的一套纵联电流差动保护中无差流后，投入 M 侧旁路中的纵联电流差动保护及 N 侧电流差动保护。

结合图例分析电流差动保护的投退与保护中差流的产生。

在实际的旁路代路中，多采用的步骤是旁路断路器先对旁母线充电，退出 MN 线路纵联电流差动保护，然后进行纵联通道的切换，一次系统合闸旁路断路器，断开 M 侧 QF2 断路器，检查本侧旁路断路器保护无差流、对侧 QF1 断路器保护无差流，调度值班员下令投入两侧纵联电流差动保护功能。

第四节 220kV 纵联方向与纵联距离保护简介

纵联方向保护实质是比较被保护两侧设置的方向元件的正反实现的保护；由于距离元件本身具备明确的方向性，所以利用通道比较被保护线路两侧设置的距离元件的正反实现的保护就称为纵联距离保护。

系统应用中，一般通过专用载波通道构成闭锁式纵联保护，通过复用载波通道或微波通道，构成允许式纵联保护。

由于载波通道的容量较小，只能传输有/无、正/反等单个的"位"信号，以闭锁式纵联方向保护为例，两侧纵联保护之间传输的是功率方向元件的"正/反"信号。

纵联方向与纵联距离保护原理如图 4-14 所示。

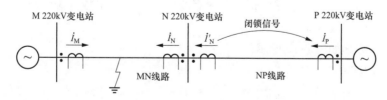

图 4-14 纵联方向与纵联距离保护原理示意图

说明：MN 线路发生区内故障（以两侧 TA 为界），NP 线路发生区外故障。

MN 线路区内故障，M、N 侧正方向元件动作，无闭锁信号发生，M、N 侧保护各自跳闸，切除故障。

NP 线路区外故障，P 侧正方向元件动作，停止发出闭锁信号，而 N 反方向元件动作，向 P 侧发出连续的闭锁信号，使得 P 保护不动作，同时 N 侧对闭锁信号"自发自收"，同样不跳闸，NP 线路纵联保护不动作。

纵联方向及纵联距离保护同样存在弱电源反馈功能、空充线路的 TWJ 停信（转发允许信号）功能、母差保护动作停信（在允许式保护中，有母差动作发允许信号）功能，相关的运行操作注意事项与纵联电流差动保护相同，在此不再详述。

一、纵联电流差动保护通道

1. 专用光纤通道

直接用两根光纤将被保护线路两侧的保护装置的收发端口相连，组成信息交换的通道。

需要注意的问题：因为继电保护用的专用光纤是两个变电站之间业务光缆的部分光纤芯，所以当通信专业维护光缆时可能影响保护功能，应该向调度部门申请退出相关的纵联电流差动保护。

通道连接方式如图 4-15 所示。

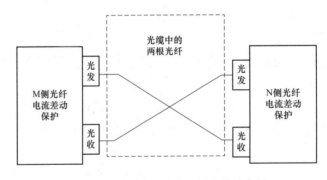

图 4-15　纵差保护专用光纤连接示意图

2. 复用光纤通道（64K）

与专用光纤通道相比，通道中的环节相对比较多，更多的依靠通信设备，不利于通道工作的安全与可靠。

需要注意的问题：通信专业在继电保护通道的任何一个环节工作可能影响保护工作的应申请退出相关保护。

通道连接方式如图 4-16 所示。

3. 复用光纤通道（2M）

与专用光纤通道相比，通道中的环节相对比较多，更多的依靠通信设备，但比复用 64K 通道环节相对较少。

需要注意的问题：通信专业在继电保护通道的任何一个环节工作可能影响保护工

作的应申请退出相关保护。

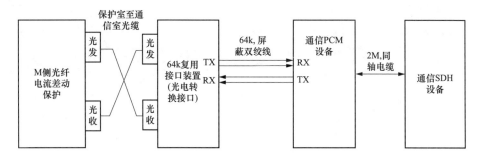

图 4-16　纵差保护复用通道连接示意图一

通道连接方式如图 4-17 所示。

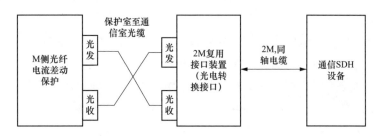

图 4-17　纵差保护复用通道连接示意图二

二、线路阻抗保护

1. 原理简介

阻抗保护是在分析电流保护缺点的基础上提出的一种保护原理，通过保护安装处的电压和电流计算保护安装处至故障点的距离，并且与定值进行比较，当计算阻抗小于定值时保护动作。

阻抗保护从理想的原理分析上来讲，通过电流电压计算阻抗的大小（表征保护安装处到故障点的距离），理论上是不受系统运行方式的影响。

但故障点的过渡电阻、母线电压互感器的断线、系统振荡对阻抗保护的影响都很大，可能造成阻抗保护的误动或拒绝动作。

2. 线路保护装置中阻抗保护配置

现在的保护装置中，后备阻抗保护均为阶段式保护，采用方向阻抗，有明确的方向性。

阶段式相间距离保护有三个测量元件：Z_{AB}、Z_{BC}、Z_{CA}，反应系统中发生的相间短路故障。

阶段式接地距离保护有三个测量元件：Z_{AN}、Z_{BN}、Z_{CN}，反应系统中发生的接地短路故障。

3. 阻抗保护运行中应该注意的问题

原来的阻抗保护当发生电压断线时，一般由变电站值班员向调度部门申请退出距离保护，但现在运行的微机保护一般在上述情况下，不可以退出距离保护投入压板（主要原因在 TV 断线下保护功能的自动投入的功能段受距离压板控制）。

根据现有阻抗保护元件的配置，调度值班人员应该明确当系统发生区内三相短路时，前述的 6 个阻抗元件均动作（接地阻抗和相间阻抗元件）；系统发生区内故障，若相间阻抗 Z_{AB} 动作，同时接地阻抗元件 Z_{AN}、Z_{BN} 同时动作，则说明系统发生的是 AB 接地故障。

4. 零序方向过电流保护

（1）零序电流方向保护的作用。在中性点直接接地的高压电网中发生接地短路时，将出现零序电流和零序电压。利用这些特征电气量可构成保护接地短路故障的零序电流方向保护。

在中性点直接接地电网中，接地故障占总故障次数的 90% 左右，作为接地保护的零序电流方向保护是高压线路保护中正确动作率最高的一种。

即使在装有接地距离保护作为接地故障主要保护的线路上，为了保护经高电阻接地的故障和对相邻线路保护有更好的后备作用，也为了保证选择性，仍然需要装设完整的成套零序电流方向保护作为基本保护。

（2）零序电流方向保护的优点。

1）灵敏度高，受过渡电阻的影响较小；经高电阻接地故障时，零序电流保护仍可以动作。

2）系统振荡不会误动。

3）在电网零序网络基本保持稳定的条件下，保护范围比较稳定。

4）系统正常运行和发生相间故障时，不会出现零序电流和零序电压，因此零序保护的延时段动作电流可以整定的很小，有利于提高其灵敏度。

5）结构与工作原理简单。

（3）TV 断线下相过电流及零序过电流保护。

TV 断线情况下，阻抗保护（接地、相间）及经方向元件控制的零序过电流保护自动退出运行，装置自动投入"TV 断线相过电流保护"及"TV 断线零序过电流保护"，分别作为在 TV 断线下距离和零序方向保护退出后的应急保护功能，这两种保护功能受"距离保护投入压板"及"零序保护投入压板"控制。

需要注意的问题：当线路保护发生电压断线时，并不能要求运行人员退出距离保护压板和零序保护压板，否则 TV 断线后的应急保护功能全部退出。

三、线路保护中其他需要说明的问题

（1）两套保护与操作箱、电压切换箱及断路器跳闸线圈的配合。每一套保护配置独立的操作回路和电压切换回路，并对应断路器的一个跳闸线圈。

（2）两套线路保护之间的配合，以 RCS-931AM＋CSC-103B 双重化配置为例。

1）由于现场仅采用一套保护中的重合闸功能（CSC-103B），故而当 RCS-931AM 保护动作后需要启动或闭锁重合闸时，需要通过接点方式接入 CSC-103B 装置，并经 RCS-931AM 保护屏上"启动及闭锁外部重合闸"压板控制。

注意事项：由于某种原因使得 RCS-931AM 装置由闭锁重合误开出时，将造成 CSC-103B 重合闸放电，重合闸功能失效。这时，应退出 RCS-931AM 屏上的"启动及闭锁外部重合闸"压板，有些设计中，该功能不经压板控制，是不科学、不合理的。

2）在 CSC-103B 保护屏上有"沟通三跳"压板，这一压板所控制的回路是当 CSC-103B 装置的重合闸功能失效时（由于某种原因重合闸不充电或装置故障），系统已经不具备重合闸功能，但 RCS-931AM 在单相接地时仍然跳单相，由于无重合闸功能，只能等待断路器非全相动作后断路器三跳，造成系统长期不对称，该压板控制的回路就是把 CSC-103B 输出的沟通三跳触点接入 PCS-931AM 保护装置，上述情况下，直接三跳。

第五节　220kV 母线差动原理及运行操作注意事项

变电站的母线是系统汇流的枢纽点，其安全稳定运行对整个系统的安全可靠工作至关重要，快速切除母线故障，成为必须。

一、母线差动保护工作原理

母线差动保护是基尔霍夫电流定律 KCL 的典型应用，因为母线上各元件的连接全部为电路上的连接，只要将定义的母线差动保护所包含的母线段看成是一个大的节点（闭合面），在正常负荷及区外故障情况下，电流流入等于流出，差动电流为零；在母线区内故障时，差动电流很大，母线差动保护动作。

1. 母线差动保护动作及故障母线选择

以双母线接线Ⅳ母线故障为例，四个元件＋母联接线系统介绍，电流互感器极性标记如图 4-18 所示。

对于大差元件：$I_{CD}＝I_1＋I_2＋I_3＋I_4$（向量相加）$＝I_d$（I_d 为故障点的故障总电流），I_1、I_2、I_3、I_4 的方向均为线路流向母线，所以流入大差元件差动电流很大，母差保护大差元件可靠动作。

对于非故障母线Ⅴ小差元件：$I_V＝I_3＋I_4－I_{ml}$（向量相加）$＝0$，$I_3＋I_4$ 为线路流向母线，I_{ml} 由Ⅴ母线流出，大小相等、方向相反，KCL 定律流入等于流出，差动电流理想状态应该为 0，Ⅴ母线小差元件不动作。

对于故障母线Ⅳ小差元件：$I_IV＝I_1＋I_2＋I_{ml}$（向量相加）$＝I_d$，$I_1＋I_2$ 为线路流向母线，I_{ml} 同样流入母线，形成很大的差动电流，故障母线小差元件动作。

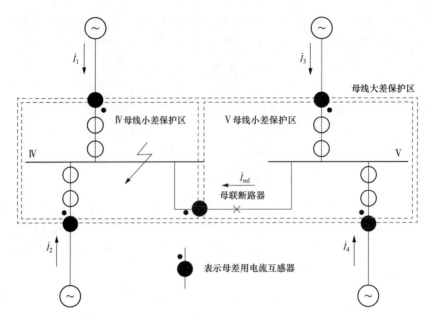

图 4-18　母线差动动作及故障母线选择原理示意图

2. 母线差动保护出口跳闸方式

如图 4-19 所示，为母线差动保护的跳闸出口回路简图。

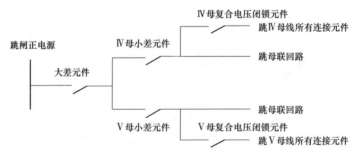

图 4-19　母线差动保护的跳闸出口回路

（1）各支路隔离开关位置决定着小差电流的构成及母线跳闸出口矩阵的选择，所以各元件母线隔离开关正确的开入至关重要。

（2）母线复合电压闭锁元件的应用，可以有效的防止由于误碰造成的母差保护误动作，在微机保护中也可以有效防止由于单一元件（电流元件或差动元件）故障造成的整套保护误动。但需要注意的是，母差保护动作跳母联断路器不经过复合电压闭锁。

3. 母联断路器失灵保护

以图 4-20 所示系统为例，分析母联断路器失灵保护。

母差保护中有保护元件作用于母联跳闸（仅指母差保护动作，充电保护由独立的充电装置实现，母差保护中的母联充电功能一般不投入），但母联断路器跳闸位置触点未闭合，且母联电流互感器中仍有电流存在，这时母联失灵保护动作，切除另外一条母线，如图 4-20 所示，以Ⅳ母故障且母联失灵为例。

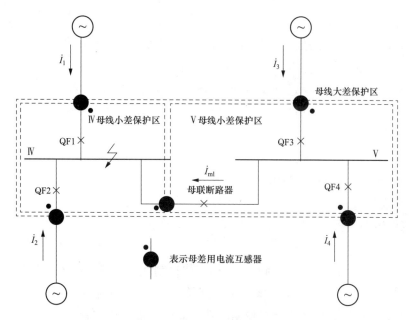

图 4-20　母联失灵分析示意图

Ⅳ母线发生故障，大差及Ⅳ母小差元件动作，切除母联断路器及 QF1、QF2；若母联失灵，这时对于Ⅴ母线小差元件为区外故障不动作。

这时，母联失灵动作，启动Ⅴ母线小差元件动作（主要是通过短封母联电流，置零），跳开非故障母线元件 QF3、QF4 以隔离故障点。

4. 母联死区保护

母联死区指在母联断路器与母联电流互感器之间发生故障，如图 4-21 的 K 点。

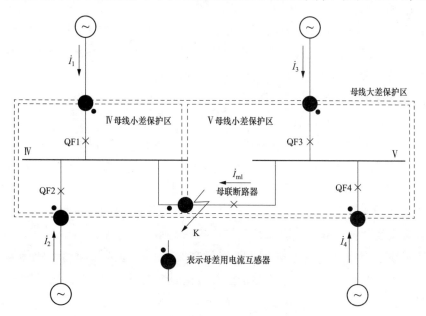

图 4-21　母联死区分析示意图

可以看出：

第一步，属于Ⅴ母线故障，母差动作跳QF3、QF4及母联断路器。

第二步，但这时故障点并不能切除，且属于Ⅴ母线区外故障。

第三步，母联死区保护动作，启动Ⅳ母线出口，切除Ⅳ母线各连接元件。

母联失灵保护与母线死区保护的主要区别是母联断路器是否跳开，其他动作行为类似。均为先跳开一条母线，然后相继跳开另一段母线各元件，但母联断路器最终的位置不一样。

5. 微机母线保护运行注意事项

（1）母线互联。

1）双母线倒闸操作，隔离开关1G、隔离开关2G均在合闸位置，此时装置自动投入互联方式。

2）母联断路器由于某种原因不能操作（如控制回路断线或压力闭锁等），此时应投入母差保护屏"互联压板"，此时母线内部故障时能正确选择故障母线，但由于母联控制回路发生故障，已经不能操作断路器，此时只能是由内置母联失灵保护切除非故障母线，由于母联失灵保护的动作时间要考虑母联断路器在正常情况下断开的时间及一定的裕度时间，一般在150ms左右，相对于"互联压板"投入后的瞬时切除两段母线，增加了系统故障的切除时间。

3）母联断路器TA断线。因为母联电流是选择故障母线的依据，此时由于母联电流互感器发生断线，母差中的小差元件不具备判别故障母线的能力，最稳妥的解决办法是依靠大差元件直接切除两条母线。从运行管理上说，对于双重化配置的母线保护，此时应将母联TA断线的一套母线保护退出，依靠另一套完好的保护去完成有选择的母线故障切除。

（2）"母线分列"或"母联检修"压板。正常运行时母联断路器处于合闸位置，该压板应该在退出位置；当母联断路器检修时，只有当母联断路器断开后，在断开母联断路器控制二次空开之前，将该压板投入，这时母差保护的两个小差元件不计入母联电流，母差保护大差定值固定用低值；母联断路器检修之后，母联断路器在分闸位置，并且控制开关合入，退出该压板。

当母联断路器在合闸位置且有电流通过时，若投入"母线分列"压板，两个母线的小差元件均可能误动，但由于大差元件不动作，整套母线差动保护不会误动。

（3）隔离开关位置。各支路隔离开关位置决定小差电流的计算与跳闸出口逻辑的选择，务必正确。提出双回线隔离开关位置接反的问题（正常运行，两条线路负荷接近，两段母线小差元件无差流产生，不能发现；若发生母线故障时，跳闸出口会错误；但当一条线路停运，另一条线路带全部负荷时，会发生两母线的小差元件动作或差流异常状况）。

二、220kV双母线接线断路器失灵保护原理

1. 断路器失灵保护的作用和基本原理

断路器失灵保护主要防止断路器拒动，通过切除与故障断路器相邻的其他断路器，以隔离故障点。

失灵保护的判据考虑可靠性，故障元件继电保护装置动作命令不返回，同时故障元件故障电流不消失，失灵启动元件动作。经过短延时，跳开双母线母联断路器；经过较长的延时，跳开与拒动断路器在同一母线上所有其他的断路器；上述跳闸回路均经过复合电压闭锁。

2. 双母线接线任一组电压互感器检修时应倒单母线运行分析

如图4-22所示系统接线图。

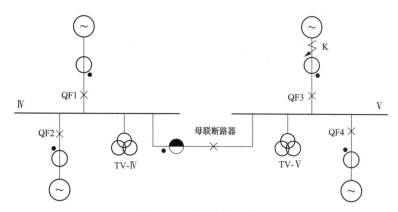

图4-22　系统接线示意图

已知，TV-V检修，TV二次"手动"并列（即电压并列回路中未串入母联或母分断路器辅助触点），即Ⅳ、V母线失灵均经过TV-Ⅳ电压闭锁，当失灵保护动作后，0.25s跳母联断路器，0.5s跳与拒动断路器在同一母线的所有元件。

若K点故障，纵联电流差动保护动作，QF3拒动差动保护不返回，且QF3断路器电流互感器电流不消失，经V母线隔离开关位置重动继电器启动V母线失灵，0.25s跳ML后，由于Ⅳ母线上无故障，TV-Ⅳ母线电压恢复正常，而V母线失灵出口引入TV-Ⅳ的二次电压，所以0.5s跳各支路时，由于被TV-Ⅳ正常电压闭锁而使出口拒动。

3. 失灵保护相关问题说明

线路在负荷单带的情况下，两面线路保护屏仅投入"差动保护投入"压板，其余出口压板均退出，说明线路保护启动本断路器失灵功能退出。但辅助屏上"失灵总启动"及"三跳启动失灵"压板不应该退出，原因是还有其他保护（母差保护等）跳本断路器并且要启动失灵。

非电量保护不启动失灵保护（如瓦斯保护、非全相保护等），原因为某些非电量继电器动作后不是瞬时复归，有可能会误启动失灵保护，但发电机出口断路器非全相保护启动失灵。

第五章　变压器继电保护

电力变压器是电力系统的重要组成元件，它的可靠运行是电力系统安全稳定的必要条件。电力变压器是一种静止的电气设备，结构上可靠系数相对较高，发生故障的概率相对较少。但是，电力变压器在运行中仍然可能发生故障和不正常工作状态，考虑到变压器在电力系统中的重要地位及其故障和不正常工作状态可能造成的后果，电力变压器应按照其容量和重要程度配置相应的继电保护。变电站的变压器保护多为微机型保护，为了对变压器基本工作原理的深入了解，对电磁型变压器保护进行简单的讲解。本章中将主要介绍两大部分内容，一部分是电磁型电力变压器保护的配置及应用原理、接线；另一部分着重介绍几种系统中常用的微机型电力变压器保护，如今微机型变压器保护种类较多（南瑞继电保护公司的 RCS-9700X 系列、RCS-978X 系列，南自公司的 PST-1200 系列，北京四方公司的 CST-233 系列产品等）。本章中将以 RCS-9700X 系列为例介绍 110kV 系统应用的微机型变压器的主后备保护。

第一节　电力变压器的故障、不正常工作状态及其保护方式

变压器的故障可分为油箱内部故障和油箱外部故障。油箱内部故障有绕组的相间短路、同一绕组或不同绕组之间的匝间短路、直接接地系统侧绕组的接地短路。变压器油箱内部故障是很危险的，因为故障点的电弧会损坏绕组绝缘与铁芯，而且使绝缘物质剧烈汽化，由此可能引起油箱爆炸。油箱外部故障主要有绕组引出线和套管上发生的相间短路和接地短路（直接接地系统侧）。

变压器的不正常工作状态主要有过负荷，外部短路引起的过电流，外部接地短路引起的中性点过电压，油面降低及过电压或频率降低引起的过励磁等。

针对上述各种故障与不正常工作状态，变压器应装设下列继电保护。

一、瓦斯保护

瓦斯保护用来反应油箱内部各种短路故障及油面降低的异常状态，其中轻瓦斯保护作用于信号，重瓦斯保护作用于跳开变压器各侧断路器。按照规程要求，对于容量为 0.8MVA 及以上的油浸式变压器及容量为 0.4MVA 及以上的车间内油浸式变压器，均应装设瓦斯保护。

二、纵联电流差动保护或电流速断保护

对于变压器绕组、引出线及套管的各种短路故障，应装设纵联电流差动保护或电流速断保护。纵联电流差动保护用于：

（1）容量为 6.3MVA 及以上并列运行的变压器、发电厂厂用工作变压器及工业企业中的重要变压器。

（2）容量为 10MVA 及以上的发电厂厂用备用变压器及单独运行的变压器。

（3）容量为 2MVA 及以上的变压器当采用电流速断保护灵敏度不满足要求时，也应装设纵联电流差动保护。

（4）对于高压侧额定电压为 330kV 及以上的变压器，可装设双重差动保护。对于容量为 10MVA 以下的变压器，且当其过电流保护的动作时限大于 0.5s 时，可装设电流速断保护。

三、过电流保护或负序电流保护

对于变压器油箱外部相间短路引起的过电流状况，采用过电流保护。当过电流保护的灵敏性不满足要求时，可采用低电压启动的过电流保护、复合电压启动的过电流保护或负序电流保护。过电流保护同时作为变压器油箱内部相间短路的后备保护。

四、零序电流保护

对于直接接地系统中的变压器，一般装设零序电流保护，用以反应变压器外部接地短路引起的过电流，根据系统方式和保护配置要求，可以作为系统的后备保护，也可以作为变压器内部接地故障的后备保护。在部分 Y0/Y0 接线变压器系统中，本侧的零序过电流保护还可以作为其他侧发生接地故障的后备保护。

五、过负荷保护

过负荷保护用以反应由于对称性过负荷引起的过电流。容量为 0.4MVA 及以上变压器，当数台并列运行且作为其他负荷的备用电源时，应装设过负荷保护接于其中一相延时动作于信号。

六、过励磁保护

过励磁保护用于大容量变压器，反应变压器过励磁，且动作于信号或跳开变压器。因为变压器的磁通密度与端电压成正比，与系统频率成反比，所以过励磁保护反应两者的比值。

第二节　变压器非电量保护

一、瓦斯保护

变压器油箱内故障时，电弧使故障点变压器油和绝缘材料分解，产生大量气体，利用这些气体实现的保护称作瓦斯保护，是变压器内部故障的主保护之一。

瓦斯保护的主要元件是气体继电器，它安装在油箱与储油柜的连接导管中，为使分解的气体能顺利通过气体继电器，油箱与连接导管应有一定的倾斜度，在施工及设计中保证两个技术指标：一是油箱本体与水平面有 $1\% \sim 1.5\%$ 的倾斜度；二是连接导管与水平面有 $2\% \sim 4\%$ 的倾斜度。

1. 瓦斯保护的应用

在现场实际应用中，一般有两种瓦斯保护，即变压器本体的瓦斯保护与调压器瓦斯保护。

2. 本体瓦斯保护

包括本体轻瓦斯保护和本体重瓦斯保护。主要是反应油箱内的油面降低和本体内绕组的严重匝间故障。轻瓦斯保护的动作值用气体容积表示，整定范围为 $250 \sim 300cm^3$。重瓦斯保护的动作值用油流速度表示，整定范围为 $0.6 \sim 1.5m/s$。对于强迫油循环冷却的变压器，为防止油泵启动时气体继电器误动作，可整定为 $1.1 \sim 1.25m/s$。在本体瓦斯继电器的安装中一定要确保正方向指向储油柜，即故障时其动作正方向与油流方向一致（如图 5-1 所示）。在重瓦斯保护的传动中，按气体继电器探针时，挡板一定要向储油柜方向偏转。

3. 调压瓦斯保护

在大中型变压器中一般都配置有载调压系统，实现对系统电压的调节和无功功率的重新分布。由于带负荷调压不可避免地在调压机构中产生电火花，严重时会引起调压机构的故障，所以在调压油路中设置反映其故障的瓦斯继电器更是至关重要的。在调压瓦斯继电器的安装中，保证故障时油流方向背离调压箱（见图 5-1）。

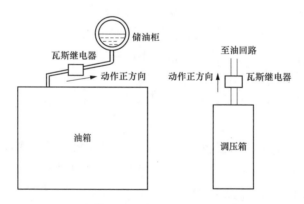

图 5-1　本体、调压重瓦斯继电器安装示意图

4. 瓦斯继电器的型号

在实际电网中主要应用三种型号的瓦斯继电器，QJ2-80 与 QJ2-50、QJ2-25 三种。

（1）QJ2-80 型瓦斯继电器。主要应用于变压器本体的轻、重瓦斯保护，其开口杯反应轻瓦斯动作，表示油面的降低；挡板动作反应了强烈油流的冲击，挡板上的磁铁使干簧触点闭合而发出"重瓦斯跳闸"命令。其接线原理如图 5-2（电磁式保护）所示。图 5-3 为微机保护中的接线方式。

在使用及接线中需要注意如下几个问题：

1）重瓦斯跳闸回路要求双触点串联使用，这样可以有效地防止由于触点误碰、抖动及积碳造成的保护误动作。由于干簧触点浸在油中，而油中又不可避免的有水分，在触点处会有凝露现象，造成触点腐蚀，引起误动，使用双触点串联时，若有一对触点腐蚀时，可以发出直流接地信号，即可及时的发现。

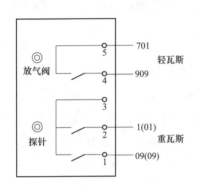 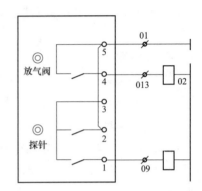

图 5-2　QJ2-80 型瓦斯继电器接线示意图一　图 5-3　QJ2-80 型瓦斯继电器接线示意图二

2）在瓦斯继电器的调整试验中，一定要保证两个触点的同步性良好，以防瓦斯保护拒动，触点不同步是指挡板已动作至限位位置还不能保证一对或两对触点的可靠闭合。

3）针对变压器油箱内部的故障，如匝间短路等，瓦斯继电器的灵敏度比差动保护高得多，这主要是针对绕组本身损坏极为严重的匝间短路而言的，这时变压器纵联电流差动保护不能很好的反应，但重瓦斯保护对此却能灵敏地反应。

4）变压器本体、有载分接开关的重瓦斯保护应投跳闸。若需退出重瓦斯保护，应预先制定安全措施，并经总工程师批准，限期恢复。

5）气体继电器应定期校验。当气体继电器发出轻瓦斯动作信号时，应立即检查气体继电器，及时取气样检验，以判明气体成分，同时取油样进行色谱分析，查明原因及时排除。

6）运行中的变压器的冷却器油回路或通向储油柜各阀门由关闭位置旋转至开启位置时，以及当油位计的油面异常升高或呼吸系统有异常现象，需要打开放油或放气阀门时，均应先将变压器重瓦斯保护停用。

7）变压器运行中，若需将气体继电器集气室的气体排出时，为防止误碰探针，造成瓦斯保护跳闸可将变压器重瓦斯保护切换为信号方式；排气结束后，应将重瓦斯保护恢复为跳闸方式。

8）对于 220kV 及以上变压器、电抗器非电量保护，应同时作用于断路器的两个跳闸线圈。未采用就地跳闸方式的变压器非电量保护应设置独立的电源回路（包括直流空气小开关及其直流电源监视回路）和出口跳闸回路，且必须与电气量保护完全分开。当变压器、电抗器采用就地跳闸方式时，应向监控系统发送动作信号。

（2）QJ2-50、QJ2-25（德国 MR 公司产品）。主要用于变压器的调压器重瓦斯保护，其中 QJ2-50 型继电器与前述 QJ2-80 在接线形式和注意事项上完全相同，在此不再重述，这里主要对 QJ2-25 型（MR 公司产品）的接线方式及运行注意事项予以简单的介绍。

其接线示意如图 5-4 所示。该继电器只有一个重瓦斯输出触点，有些国产的应用于调压器的瓦斯保护也可有轻瓦斯触点，但由于正常带负荷调压时，不可避免地会产生一些气体或油流波动，所以对轻瓦斯的整定不易实现，在保护功能上一般也不投调压轻瓦斯动作这一级。运行注意：在进行 MR 型继电器传动后一定要按复归按钮，否则该触点一直处于自保持状态。

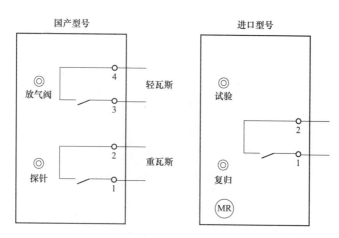

图 5-4　QJ2-50、QJ2-25 型瓦斯继电器接线示意图

5. 瓦斯保护二次回路的运行维护

对瓦斯保护的正确维护是保证变压器安全运行的重要保障，在正常校验中，必须认真检查校验规程中要求的各种绝缘，即每芯对地绝缘和芯间绝缘。由于瓦斯继电器的触点是浸于变压器油箱内的，对于其绝缘的检查更是至关重要的。要求瓦斯继电器本身二次回路绝缘最好是无穷大，至少在 $100M\Omega$ 以上，在进行室外回路绝缘测量时，把接线从端子排上拆开后进行测量。

如果绝缘测量结果其数值较低，则从变压器本体接线箱两端拆开，直接测量瓦斯继电器触点和引线的绝缘，若数值仍比较低，则说明其触点部分有积水或积碳形成，需进行及时地处理。

在接线上的要求：主设备非电量保护应使用防水、防震、防油渗漏、密封性好的气体继电器，至保护柜的电缆应尽量减少中间转接环节。从变压器本体到本体接线箱由两根电缆分别引入本体瓦斯继电器触点和调压瓦斯继电器触点，要求电缆质量必须按照高标准选择，以适应室外恶劣的运行环境。另外，与油接触或可能与油接触的电缆还必须采用防油电缆。在变压器本体接线箱中端子排位置的设计上，一定要确保"正电源"和"跳闸端"保持足够的距离，以防止由于凝露或其他异物造成端子搭接而引起保护的误动作。

二、温度保护

在变压器的非电量保护中"油温高"保护应用也是非常广泛的。其主要原理是在变压器的顶层或其他需要进行测温部位设置相应的温度传感器，把传感器采集到的信号，通过温度测量表计，以油温定值为门槛转换成触点信号输出，一方面发出"油温高"信号，另一方面则启动冷却器。一般启动冷却器的温度（上层油温）设置在 55～65℃ 范围内，而发出信号的温度范围则在 60～80℃ 之间。

温度保护的基本接线如图 5-5 所示。

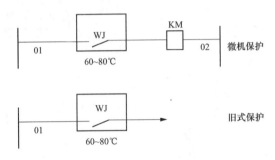

图 5-5   温度保护的基本接线图

说明：

（1）在大多数保护配置上，温度过高不投"跳闸"方式，只投"信号"方式。

（2）温度过高，可能由于严重的过负荷情况导致，需要运行方式人员根据要求进行相应的负荷限制。

三、压力释放

压力释放保护，其动作过程是：当由于某些原因（如变压器油严重汽化分解等）使变压器本体内压力急剧上升，当大于压力阀整定的压力值时，触动相应的压力阀，其辅助触点闭合，压力释放保护不投"跳闸"方式。

四、冷却器全停

在变压器正常运行时，由于其所带负荷比较大，相应的负荷发热是不可避免要产生的，在强油风冷的变压器中，其允许的热容量又比较低，所以冷却器全停保护是变压器非电量保护比较重要的一项基本功能。在原有的晶体管保护中，一般采用延时20min 跳闸的方式。但根据变压器的运行要求，强油循环风冷和强油循环水冷变压器，当冷却系统故障切除全部冷却器时，允许在额定负载条件下运行 20min。如 20min 后顶层油温尚未到达 75℃，则允许上升到 75℃，但在这种状态下运行的最长时间不得超过 1h。

在现在的微机保护中采用了如图 5-6 所示的逻辑判断回路。

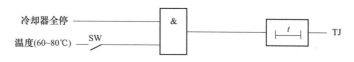

图 5-6　微机非电量保护中冷却器全停的判别条件

说明：冷却器全停（LKSD—冷控失电）加温度闭锁后进行跳闸，满足变压器的运行规定，该温度设定范围为 60～80℃，另外在该逻辑中应注意的问题是，校验过程中应检查温度触点开入回路的绝缘，防止由于绝缘问题造成温度闭锁的误开放而引起"冷控失电"保护的误跳闸。从逻辑判断来讲，由于非电量保护二次回路运行环境相对比较恶劣，所以在实际运行中误动的情况较多，所以在跳闸判据上一定要以可靠性优先考虑。

另外，由于变压器的非电量信号均由室外引入到室内的保护屏，其正常运行于变压器及开关场电磁干扰较为复杂的场所，所以在系统中广泛使用的变压器非电量保护全部采用强电开入中间重动的配置方式，以确保保护装置的正确、可靠动作。同时根据继电保护反事故措施规定，重动继电器必须使用大功率继电器。为了防止当交流 220V 串入直流系统情况下，造成的直跳型继电器误动作，跳闸型非电量保护的出口继电器还要具备抗交流混叠误动作的措施。同时，直跳回路开入量应设置必要的延时防抖回路，防止由于开入量的短暂干扰造成保护装置误动出口。

第三节　变压器电量保护

一、变压器电量保护中电流互感器的配置原则

合理选择变压器保护所使用的电流互感器是确保各保护功能充分发挥作用的一项重要手段，是防止保护死区存在的有效方法。

图 5-7 是一个简单的变压器各组 TA 使用情况示意图。

变压器保护使用的电流回路有两种不同位置的 TA 可供选择，即变压器本体的套管 TA 和与断路器对应配置的外附型 TA。对变压器 TA 的合理配置就是要为不同的保护选择不同类型和精度的 TA 以供使用，下面进行简单的描述。

1. 差动保护的电流互感器

现在的 220kV 及以上变压器，都使用双套主保护＋双套后备保护的配置方式（在一些微机保护中一台装置可同时具有主保护和后备保护功能）。这样变压器的差动保护属于双重化配置，在正常运行中，为了使差动保护有足够大的保护范围，即能够保护各侧断路器至变压器套管引线之间发生的故障，其两套差动保护的各侧电流回路均运行于外附 TA，在代路操作情况下，一套差动保护由外附 TA 切换至套管 TA 使带路过程中变压器不失去差动保护（只是保护范围缩小）。另一套保护在操作过程中退出，在旁路断路器操作完毕后倒至旁路断路器外附 TA 运行。

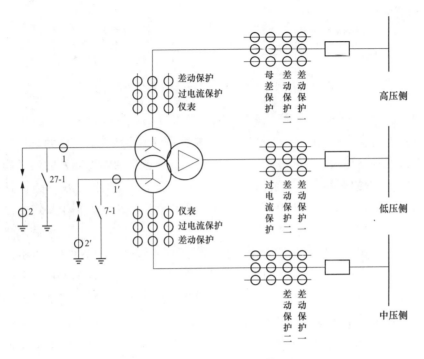

图 5-7　变压器保护 TA 使用示例

2. 方向过电流保护的电流互感器

在传统设计中，过电流保护使用的电电流互感器一般设置在本体套管互感器上，其优点是比较多的，一是当其他侧母线有电源且本侧方向过电流指向母线（即作为本侧母线的后备保护），其保护范围与差动保护范围相互交叉，防止保护死区的出现；二是将过电流保护设置在套管互感器处，当进行旁路带路时，不会失去过电流保护的后备作用，不需要进行如同差动保护式的电流切换，有效地防止了由于误操作造成的电流回路开路。

3. 零序过电流保护的电流互感器

为有效地对变压器各侧绕组及母线的接地故障实现后备作用，在变压器保护中一般配置相应段数的零序过电流保护。在现在的微机保护中零序电流保护的方向判别元件与过电流保护公用 TA 回路，而零序电流大小判别取自变压器中性点处的零序电流互感器，通过控制字可以选择方向判别元件采用自产 $3U_0$、$3I_0$（$3U_0$ 指零序开口三角电压，$3I_0$ 指零序电流），还是采用外接 $3U_0$、$3I_0$，在电网中推荐方向判别元件取用自产 $3U_0$、$3I_0$，零序电流定值判断用外接 $3I_0$。

4. 中性点电流电压保护配置

如前述图 5-7 所示：

（1）中性点零序电流互感器 1 及 1' 分别用于高、中侧的零序过电流保护，其安装位置处于星形接线的中性点侧；另外，电流互感器 2 及 2' 用于高、中压侧的间隙电流保护，其安装位置处于变压器中性点经放电间隙接地的大地侧，在现场使用时应进行正确的取用。

（2）根据示意图可知，间隙电流保护是随着中性点直接接地开关的合、分而自动退出或投入的，当直接接地开关合入时，由于间隙回路被短接，相当于间隙电流保护自动退出。

（3）间隙 TA 一般只进行电流大小的判别，故不要求极性的指向。

（4）在保护配置中一般要投入方向零序电流保护，故对零序 TA 有一定的极性要求，在原来的电磁式或晶体管式保护中，一般以大地为极性端，而在广泛应用的微机保护中，一般都是以变压器本体为极性端来定义其方向指向的，即只有把极性端统一到变压器侧，其指向变压器还是指向系统的选择才与预期的保护范围一致，否则，正好相反，这是在现场工作中应该注意的地方。值得一提的是，在系统中用的较多的变压器保护中，如南瑞继电保护公司的 RCS-978H 和南自公司的 PST-1200 系列保护，其零序方向的判别可以选用自产 $3U_0$、$3I_0$，在正常负荷下方向过电流保护的向量测定正确后，即可保证零序功率方向保护电流极性的正确性，大大地减少了现场 $3I_0$ 回路接线错误的可能性。

5. 仪表回路的电流互感器

为保证测量及计量的精度和准确度，该回路应使用测量级的电流互感器，即 0.2 级、0.5 级。

6. 电流互感器配置的其他说明

当某侧母线设置有母线差动保护时，要求变压器差动保护使用靠近母线侧的一组互感器，而母线差动保护使用离母线较远的一组保护级电流互感器，以保证两者之间有保护范围的交叉，体现的是只有保护区交叉才可以防止保护死区的出现。保护回路必须使用保护级 TA，若使用仪表级，则在外部故障时，其饱和特性较低易造成差动保护误动作。差动保护各侧的电流互感器的相关特性宜一致，避免在遇到较大短路电流时因各侧电流互感器的暂态特性不一致导致保护不正确动作。

7. 变压器套管式电流互感器极性的测定及注意事项

因为变压器的套管 TA 要用于方向过电流保护、零序方向过电流保护及差动保护，这些保护对互感器的极性有严格的要求，因此在投运前必须认真测定电流互感器的极性。

测定极性的基本方法与外附 TA 的测定方法基本相同，只不过把变压器的一次绕组作为一次侧进行测定的，值得注意的是由于变压器一次阻抗太大，造成二次线圈处极性测定仪表偏转很小，这时可采取以下两种方法予以解决，一是可以增大一次直流电源（瞬时极性法测定电源）的容量及电压等级；再者就是将另外一星形接线侧的一次绕组相短接，减小该侧的空载励磁电流。

另外，在进行变压器极性测量中，由于变压器本身的大电感在断开直流电源时会产生很大的反电动势，所以在该项工作中应做好防止电动势击伤人体的措施，如使用绝缘手套等。

二、变压器的纵联电流差动保护

变压器纵联电流差动保护是反应变压器绕组和引出线的相间短路,绕组匝间短路以及中性点直接接地系统侧绕组和引出线的接地短路的主保护。

GB/T 14285《继电保护和安全自动装置技术规程》中明确规定,对 6.3MVA 及以上厂用工作变压器和并列运行的变压器,10MVA 及以上厂用备用变压器和单独运行的变压器,以及 2MVA 以上用电流速断保护灵敏性不符合要求的变压器应装设纵联电流差动保护,对高压侧电压为 330kV 及以上变压器可装设双重差动保护。

1. 变压器纵联电流差动保护的基本原理

变压器纵联电流差动保护也采用环流法接线方式,即各侧电流互感器一次绕组的极性端"."置于母线侧,二次绕组同极性端相连,差动继电器 KD 接在差动回路中。各侧电流互感器之间的区域为纵联电流差动保护区,通常应包括变压器及其各侧引出线。

由于变压器高低压侧的一次额定电流不相等,必须适当选择各侧电流互感器的变比,使正常运行和区外故障时,两侧工作电流相等,流入 KD 的电流为零,保护不动作。

另外,在现场广泛使用的变压器中多为 Ynd11 或 $Y_N$yd11 接线方式,这时由电流向量图分析(如图 5-8 所示,其描述的是在正常运行情况且各侧负荷的功率因数均相等的情况),其高压星形侧与低压三角形侧的一次线电流之间存在 30°的相角差,即三角形侧线电流超前星形侧线电流 30°(按照正常运行负荷状态下,以高压侧为电源侧,低压三角侧为负荷侧,这时两者相电流的相位差为 150°),为消除相位角的影响,在电磁式变压器差动保护中,将变压器星形侧的三个电流互感器接成三角形,而将三角形侧的三个电流互感器接成星形,将二次电流的相位补偿过来。

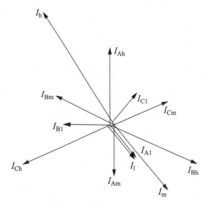

图 5-8 $Y_N$yd11 接线方式相量图

I_{Ah}—高压侧 A 相电流;I_{Bh}—高压侧 B 相电流;I_{Ch}—高压侧 C 相电流;I_{Am}—中压侧 A 相电流;

I_{Bm}—中压侧 B 相电流;I_{Cm}—中压侧 C 相电流;I_{A1}—低压侧 A 相电流;I_{B1}—低压侧 B 相电流;

I_{C1}—低压侧 C 相电流;I_h—高压侧相位调整后的电流;I_1—低压侧电流

以上所讲的是在传统的变压器差动保护(电磁型、晶体管型、集成电路型等)中,需要对 yd11 接线进行相位补偿的方式,在现在使用的微机型变压器差动保护中,其一部分功能已由软件来实现，如30°相角的补偿、各侧电流互感器变比系数的计算等。

2. 电磁型变压器差动保护

在电磁型保护中，其核心元件为 BCH-1（2）型的差动继电器，另外需要注意的问题是通过 TA 接线来进行星形、三角形侧线电流之间 30°相位角的补偿。

（1）BCH 型差动继电器简介。BCH 型差动继电器有两种不同的型号，BCH-1 和 BCH-2 型，在 BCH-1 型差动继电器中有制动线圈，其避越变压器区外故障时的最大不平衡电流的性能极为优越，BCH-2 型差动继电器中有短路线圈，其躲过变压器励磁涌流的性能优越。

由于两种继电器结构的不同，在接线上应注意一定的规则，需要注意的是，即使现在广泛应用的微机保护，当选择由外部接线补偿角度差时，各侧电流互感器的接线方式也是相同的。两种类型的差动继电器均有平衡线圈，这主要是为了细致调节由于两侧电流互感器的选定变比与计算变比不同而产生的差动电流；不同点是 BCH-1 型的制动线圈在单侧变压器中应接于负荷侧，以保证在区内故障时制动作用最小而在区外故障时有较大的制动作用。用于双侧电源的变压器时应接于大电源侧，以保证在大电源侧空载投入时有较大的躲过励磁涌流的性能，而小电源侧故障时仍具有较高的灵敏度。BCH-2 型差动继电器中的短路线圈应根据运行变压器的实际情况，选择合适的短路线圈匝数（A-A′、B-B′、C-C′、D-D′）选用的短路线圈的匝数越多，躲过励磁涌流的性能越强，但也增加了差动继电器的动作延时，所以要综合以上两个方面进行考虑。

（2）相位补偿简介。在电力系统中广泛使用 Ynd11、$Y_N$yd11 型接线的变压器，所以了解其不同绕组接线方式的电流相位补偿方法是至关重要的，是对继电保护专业人员的基本要求，下面就推荐的两种补偿方式进行分析讲解：

1）接线方式Ⅰ。差动继电器及电流回路接线如图 5-9 所示。变压器各侧的电流互感器极性及接线方式明确标示于图中。可以看出，在差动继电器的电流输入回路中，对于三绕组变压器，高压侧电流直接接入差动线圈，而中低压侧电流则经过平衡线圈后接入差动继电器。

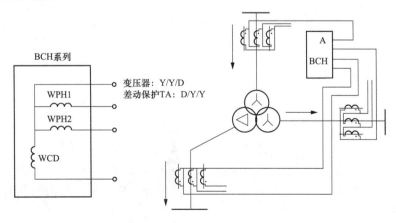

图 5-9　电磁型变压器差动保护接线方式一

从电流回路接线图中可以发现，各侧电流互感器均以母线为极性，变压器星形侧接线的电流互感器采用三角形接线方式。A 相极性端与 B 相的非极性端相连，依次顺序连接，线电流引出端为各极性端；变压器三角形侧接线的电流互感器采用星形接线，同样由极性端引出。

用向量图分析该接线方式的电流补偿作用，举一个检验实例予以说明，设变压器各侧送、受功率均为纯有功功率，且各侧电流向量的检测均以高压侧 A 相电压为基准，且电压超前电流角度为正角度。这时测量高压侧各电流互感器相电流输出及补偿后输入到差动保护中的电流，如表 5-1 所示（以三侧 A 相为例）。

表 5-1　　　　　　　　　　　变压器电流变换示例

各侧电流	互感器电流输出（反应一次电流）		补偿后电流（输入到差动保护）	
	数值（A）	角度（°）	数值（A）	角度（°）
高压侧	2.0/1.732	0	2.0	−30
中压侧	1.5/1.732	180	1.5	150
低压侧	0.5	150	0.5	150

结合表 5-1 数值，根据互感器接线方式，可知对于 A 相继电器正常运行及区外故障情况下，$I_{ah}+I_{am}+I_{al}=0$，即差动电流为零，继电器不动作。区内故障时，差动电流为故障点的总故障电流，差动保护正确动作。

2）接线方式Ⅱ。如图 5-10（a）所示，其基本原理与上述接线方式Ⅰ一致，只是各侧电流互感器的连接方式与方式Ⅰ不一样，接成三角连接方式的互感器采用："−a，+b"接线，且从非极性端引出，对应低压侧的星形接线电流互感器由非极性端引出。

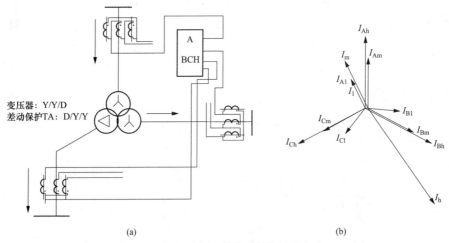

(a)　　　　　　　　　　　　(b)

图 5-10　电磁型变压器差动保护接线方式二

（a）接线图；（b）向量图

向量分析如图 5-10（b）所示。同样满足正常运行及区外故障状况下差动电流为零的要求。

（3）其他要求。由于在差动继电器上实现了三侧电流互感器二次电流的求和，互感器有直接电气的联系，故要求三侧电流互感器在变压器保护屏柜处一点接地，否则，若两点接地，在发生穿越性故障时，由于两接地点之间回路的分流，可能造成差动保护的误动作。

根据差动保护运行要求，BCH 型继电器在满负荷时差电压不应大于 150mV。若在实际运行中，当非满负荷情况下测得的差电压又较大时，如 80～90mV，这时可初步判定可能发生了变比选择错误或互感器极性接反的情况。

3. 微机型变压器差动保护

电网中 220kV 及以上电压等级的变压器保护均已实现了微机化，下面对微机型变压器差动保护的使用进行详细的介绍，其中包括对基本原理的介绍，也包括对现场校验维护方法的具体分析，要求继电保护专业人员能掌握成套保护调试的一般方法。在本节的讲解中以南瑞继电保护公司生产的 RCS-967XC 系列变压器保护为例。

南瑞继电保护公司生产的 RCS-967XC 变压器差动保护有 RCS-9671C 和 RCS-9673C 两种型号，由于差动保护受变压器励磁涌流的影响极大，所以各种不同系列装置的定义在原理上均以励磁涌流特征的捕捉方法为依据。两者的主要区别在于励磁涌流的闭锁方式不同，其中 RCS-9671C 采用二次谐波制动，而 RCS-9673C 型则使用波型对称原理判别。

装置有独立的 CPU 作为整机启动元件，该启动元件在电子电路上（包括数据采集系统）与保护 CPU 完全独立，动作后开放保护装置出口继电器正电源。保护 CPU 担负保护功能，完成输入量的采样计算，动作逻辑判断直至跳闸。保护 CPU 还设有本身的启动元件，构成独立完整的保护功能。

下面对各功能模块予以简单的介绍。在介绍之前，先对微机型变压器保护的几个特点进行介绍。

（1）在本装置内，变压器各侧电流存在的相位差由软件自动进行校正。变压器各侧的电流互感器均采用星形接线，各侧电流方向均指向变压器（即以母线侧为极性，并引出同极性端）。微机型保护功能灵活，相位补偿方面，采用 I_A-I_B 作为 A 相电流二次值，通过向量分析，I_A-I_B 的向量超前 $I_A30°$，这和传统的电磁式保护中用电流互感器的三角形接线相位补偿是一致的，均实现了 30° 的相位移，只不过微机保护是用软件程序实现的，而传统保护是用硬件电路接线实现的。由于采用相位角的软件补偿，星形侧 TA 均接成星形，另外在这种补偿中，补偿后的电流放大 $\sqrt{3}$ 倍，所以星形侧等值二次额定电流的计算中要考虑这个因素。

（2）各侧电流平衡调整由软件完成，不需要外接中间电流互感器。采用软件调整变压器各侧电流的平衡系数方法，把各侧的额定电流都调整到保护装置的额定工作电流 $I_N(I_N=5A$ 或 1A)。定值中的 I_e 为根据变压器最大额定容量归算到本侧 TA 二次的等值额定电流值，即等值额定电流值考虑了接线系数，为星形→三角形变换后的额定电流值。

1）差动速断保护。差动速断保护的动作原理比较简单，实质上是一个差动电流过流继电器，不需经过任何涌流闭锁判别环节，用以保证在变压器电源侧出口发生严重故障时快速动作跳闸（因为在变压器出口故障时，故障电流很大，其二次电流中有较大的二次谐波分量，可能由于涌流闭锁功能发挥作用，造成比率差动保护的延时动作），典型出口动作时间小于 25ms。

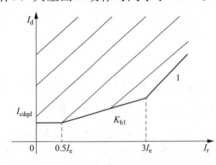

图 5-11　比率制动特性差动保护曲线

2）比率制动特性差动保护。其动作特性如图 5-11 所示。其中：I_d 为动作电流，I_r 为制动电流，I_{cdqd} 为差动电流启动值，K_{bl} 为比率差动制动系数，I_e 为变压器的额定电流，图中阴影部分为保护动作区。

首先根据特性要求形成实现保护功能的差动电流（I_d）和制动电流（I_r）。

$I_d = |I_1 + I_2 + I_3 + I_4|$，即等于各侧调整相位及平衡后在同一基准值上各侧电流的矢量和。

$I_r = 0.5(|I_1| + |I_2| + |I_3| + |I_4|)$，即等于各侧调整相位及平衡后在同一基准值上各侧电流绝对值的和的 0.5 倍。

上述动作方程可以表达为：

方程 1：$I_d > I_{cdqd}$，当 $I_r \leq 0.5I_e$，对应于动作特性最起始的水平部分。

方程 2：$I_d - I_{cdqd} > K_{bl} \times (I_r - 0.5I_e)$，当 $0.5I_e < I_r < 3I_e$ 对应于动作特性的中间折线。

方程 3：$I_d - I_{cdqd} - K_{bl} \times 2.5I_e > I_r - 3I_e$，当 $I_r > 3I_e$ 对应于动作特性的第三段折线。

根据其动作特性可知，差动电流与制动电流之间的关系，只要满足动作方程 1、2、3 中的任一个，比率差动元件即可动作。该特性为三折线制动特性，水平的部分一般对应于 I_{cdqd}，其值一般在 $0.5I_e - 1.0I_e$，对内部故障具有很高的灵敏度，因为在内部故障时，相应的制动电流一般很小，故动作区间一般落于该水平部分。随着制动电流的增大，动作特性曲线斜率增大，进一步增加了区外故障在 TA 饱和的情况下差动保护防误动的能力。另外在各种保护算法中，均采用了涌流判别措施，所以 I_{cdqd} 不用躲过励磁涌流整定，其灵敏度得到进一步的提高；当发生区外故障时，制动电流很大，这时工作在特性的倾斜部分，差动动作值自动提高，可以有效地防止最大不平衡电流情况下的误动作。

3）励磁涌流状况下的闭锁元件。对于变压器励磁涌流闭锁元件，都是针对涌流的固有特征，采用不同的方法捕捉其特征，进而对会误动的比率差动继电器进行闭锁（因为比率差动继电器的起始动作电流一般仅为高压侧额定电流的 0.5～1.0 倍，不能躲过励磁涌流的数值）。

变压器励磁涌流的基本特征是：含有较大的非周期分量，使涌流偏于时间轴的一侧；含有大量的高次谐波，并以二次谐波为主，一般为 15%～20%；波形之间出现间断角。

a. 二次谐波制动。在 RCS-9671C 保护中，比率差动保护利用三相差动电流中的二次谐波作为励磁涌流闭锁判据。取三相差动电流中二次谐波最大值，并且进行三相差动元件同时闭锁。即：

当 $I_{d2\Phi max}>K_{xb}\times I_{d\Phi}$，式中 $I_{d2\Phi}$ 为 A、B、C 三相差动电流中的二次谐波，$I_{d\Phi}$ 为对应的三相差动电流，K_{xb} 为二次谐波制动系数。只要有任一相满足上述条件，则闭锁三相比率差动保护，即该种闭锁原理不能实现分相闭锁差动。

需要说明的是，针对二次谐波制动系统，该定值整定越大，则在涌流情况下制动的可靠性也越低，即可能发生涌流闭锁失效的可能性。

b. 间断角闭锁原理。判据：$\theta_w\geqslant140°$，$\theta_d\leqslant65°$，θ_w、θ_d 分别为三相差动电流的波宽和间断角。在 $\theta_d\leqslant65°$ 时，并不开放比率差动元件，只有在此同时 $\theta_w\geqslant140°$，才开放比率差动元件。在间断角闭锁原理中，采用的是按相闭锁，某相符合间断角涌流闭锁条件则闭锁该相比率差动元件，与前一种闭锁方式相比，该种方式的优点是采用按相闭锁，在空载合闸过程中，若发生故障，则非闭锁相差动保护仍可以动作切除故障。

c. 偶次谐波原理。依据：在内部故障时，各侧电流经电抗互感器变换后，差流基本上是工频正弦波，而励磁涌流经电抗互感器变换后，有大量的谐波分量存在，波形是间断不对称的，包含有大量的偶次谐波分量。

另外，需要说明的在其他厂家的变压器差动保护中，有采用模糊识别原理、波形对称原理等，从根本上来讲都是对上述励磁涌流具备的特征的一种反应方法。

4）TA 断线报警及闭锁功能。装置设有延时 TA 断线报警及瞬时 TA 断线闭锁或报警功能。

a. 延时 TA 断线报警。在保护采样程序中进行，当满足以下两个条件中的任一条件，且时间超过 10s 时发出 TA 断线告警信号，不闭锁比率差动保护。这也兼起保护装置交流采样回路的自检功能。

a）任一相差流大于 I_{bj} 整定值

$$di_2>\alpha+\beta di_{max}$$

式中　di_2——差流的负序电流；

　　di_{max}——三相差流的最大值；

　　　α——固定门槛值；

　　　β——某一比例系数。

b）瞬时 TA 断线报警。

b. 在故障测量程序中进行，满足下述任一条件不进行该 TA 断线判别：

a）启动前某侧最大相电流小于 $0.2I_e$，则不进行该侧 TA 断线判别。主要是因为该侧单相电流小于 $0.2I_e$，当该侧断线时根本不足以引起保护的启动，所以在保护已启动的情况下，绝对不是由该侧的 TA 断线引起的，所以不予以判别。

b）启动后最大相电流大于 $1.2I_e$，只有在故障时才可能达到该值，TA 断线不能满足。该判据可以有效的防止由于 TA 断线的瞬时误闭锁，造成差动保护在故障情况下的拒动。

c）启动后任一侧电流比启动前增加。因为 TA 断线只会发生某侧电流的突降为零，而不可能增大，所以当有电流增大的情况时，绝对不是由 TA 断线引起的。

c. 某侧电流同时满足下列条件认为是 TA 断线：

a）只有一相电流小于差动启动定值，说明该相发生断线。

b）其他两相电流与启动前电流相等，仍为正常负荷电流。

第四节　电磁型变压器保护的调试、试验

变压器差动保护的调试、试验是现场工作中较为重要的一项工作，另外也是重要的学习知识点，是涉及试验方法和技巧比较多的一项工作。在本节中介绍两个方面的内容，一是电磁型差动保护中差动继电器的一些试验方法及应注意的问题；二是重点通过具体算例，说明微机型变压器比率差动制动特性的试验方法。在微机保护广泛应用的今天，对制动特性试验方法的掌握是调试新投设备的必备要求。

一、BCH-1 型差动继电器构成的差动保护的调试、试验

BCH-1 型差动继电器的内部接线如图 5-12 所示。

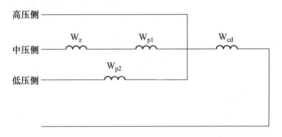

图 5-12　BCH-1 型差动继电器的内部接线图

W_z—制动线圈；W_{p1}、W_{p2}—平衡线圈；W_{cd}—差动线圈

1. 平衡线圈的整定方法

由于电流互感器型号及变比的标准和规范，必然会造成变压器电流互感器的使用变比和计算变比不相同，使得变压器在正常负荷下就会产生差动电流，这时为了减小该差流值，可利用平衡线圈予以调整，基本原理是利用平衡线圈的补偿作用保证在正常负荷条件下的安匝平衡。

另外，由于 TA 变比选择不合适，经过计算后要求平衡线圈的匝数为"负"值，在整定时一方面可以改变电流互感器的变比进行校正，另一方面对于"负"匝数，也可以通过改变平衡线圈的极性（反极性接线时相当于取负值）来实现。

2. 差动定值的校验

一般情况下，BCH-1 型差动继电器的动作安匝为 $60\pm4AN$，根据不同的差动电流定值来选取差动线圈的匝数，在试验过程中，由于试验设备的非线性（如用调压器、升流器变换电流，由于特性饱和而造成削顶失真），产生较大的谐波分量，使差动继电器铁芯饱和，伏安特性变坏，造成动作安匝偏大，一般可达（70~75AN），注意在试验过程中防止上述情况的发生。

对于执行元件的调整，要求动作电压为 1.5~1.56V，动作电流为 220~230mA，返回系数 0.7~0.85。

3. 定值试验方法

对于高、中压侧，由于电流互感器均采用三角形接线，在二次接线上没有"N"线，所以在试验高、中压电流时应分别从 AB、BC、CA 通入电流，在每一种情况下均有两相差动元件动作，如通入 I_{AB} 时，则 A、B 相差动元件均应该动作；对于低压侧，电流互感器采用星形接线，通入相应相电流时，只有对应相差动元件动作。

二、后备保护的调试、试验

从变压器保护的配置上看，除了配置保护变压器本体的主保护（瓦斯保护和差动保护）外，还应配备合理的后备保护，以作为变压器本体及相邻元件的后备保护，根据保护配置方式可知，在 220kV 及以下变压器上一般还要配置反应相间故障的（复合电压闭锁方向）过电流保护，反应中性点直接接地侧系统接地故障的零序（方向）过电流保护，在中性点非直接接地时投入的间隙电流、间隙电压保护等，在下面的分析中仍从两个方面展开，一方面是电磁式保护的功能简介，另一方面是重点对微机型变压器后备保护功能、原理及运行注意事项予以详细的介绍。

1. 复合电压闭锁方向过电流保护

根据系统保护配置要求，主要是方向元件的整定，可以作为变压器及下一级线路发生相间故障时的后备保护，也可以作为本侧系统（如线路）中发生相间故障的后备保护。

过电流保护的定值一般是按照躲过最大负荷电流整定的，在重负荷变压器上使用时，其灵敏度相对较低。因此，一般均采用复合电压闭锁过电流保护。由于加入电压判据，这时电流定值可按躲过变压器的额定电流 I_e 进行整定，灵敏度有了较大的提高。加入复合电压元件（低电压和负序电压）对各种故障均有良好的反应能力，故而在变压器保护中得到了广泛的应用。另外，根据变压器各侧的电源配置情况，确定是否需要加入方向元件的闭锁作用。

复合电压闭锁（方向）过电流保护一般采用本体套管互感器，以便带路操作时不会失去过电流保护，这在前述内容中已讲过，另外要求其极性以母线为正引出，一般方向指向变压器，作为变压器的后备保护。其一次接线图及二次交、直流回路如图 5-13 所示。

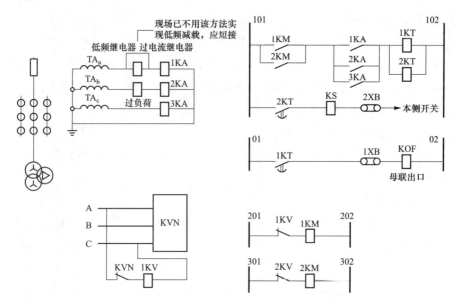

图 5-13 电磁型复合电压闭锁方向过电流保护原理图一（高压侧）

动作过程是比较清晰，在此不进行讲解，仅对其中几个关键点予以简单的介绍。

（1）复合电压闭锁元件。当系统发生不对称故障时，负序电压滤过器有输出，继电器 KVN 动作，其动断触点断开，1KV 失电，其动断触点闭合，启动中间继电器 1KM。1KM 触点闭合开放电流保护操作正电源，当系统发生三相短路时，短路开始瞬间将出现负序电压，KVN 的动断触点断开，1KV 失电，其动断触点闭合。在负序电压消失后，KVN 的动断触点重新闭合，但 1KV 在三相短路故障而降低了的电压 U_{ac} 作用下，仍然维持其动作状态，确保可靠跳闸。

（2）与过电流保护相比，复合电压闭锁过电流保护的优点有如下几个方面：

1）由于系统正常运行时无负序电压，所以负序电压继电器的整定值较小，对于不对称短路，其灵敏系数较高。

2）对于对称故障，1KV 在 KVN 触点断开后启动，负序电压消失后，使 1KV 接入电压 U_{ac}。U_{ac} 只要能维持 1KV 不返回，即可使保护动作，而 1KV 返回电压为其启动电压的 1.15～1.2（返回系数）倍，因此，电压元件的灵敏性可提高 1.15～1.2 倍。

3）由于保护反应负序电压，因此对于变压器后的不对称短路与变压器的接线方式无关。

（3）其他复压元件动作启动本侧过电流保护。在实际应用中，当变压器低压侧发生故障时，高压侧复压元件的灵敏度可能不满足，造成远后备保护功能不能充分发挥，从而设置了其他侧复压元件启动本侧的过电流保护，中压侧的复合电压闭锁方向过电流保护如图 5-14 所示。

与高压侧复压过电流不同的是在回路中串入高压侧跳闸位置继电器的动合触点 1TWJ，并在 1TWJ 并联可以投退的压板。

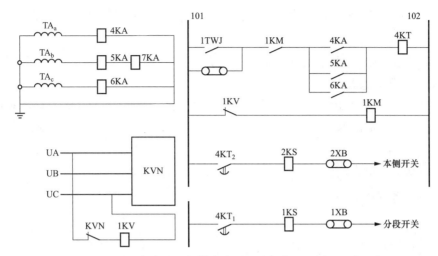

图 5-14　电磁型复合电压闭锁方向过电流保护原理图二（中压侧）

其作用是：在正常运行方式下，中压侧复压过电流保护需投入时，应将高压侧检修压板投入，短接 1TWJ，这时中压侧的方向过电流保护为投入状态；若在正常运行方式下，中压侧过电流保护不投，但当高压侧断路器检修，中压侧有供电电源时，这时中压侧方向过电流需投入，短接压板不能投入，只能依靠高压侧 1TWJ 的状态，自行投入或退出中压侧的过电流保护。

（4）低压侧的复压闭锁过电流保护。该侧不用加其他侧的 TWJ 闭锁，因为在变电站中不存在 10kV 侧带电源的情况。其原理接线图与其他侧保护基本相同。

（5）过电流保护时限特性的配合选择。对于中低压侧，在电网中推荐跳闸时限特性为：Ⅰ时限跳本侧断路器，Ⅱ时限跳总出口，一方面是和运行方式相适应，采用中低压侧均分列运行，不用设置跳分段的时限级差，另一方面也解决了时限级差缺乏的状况。

下面对跳分段回路进行进一步的讲解，如图 5-15 所示。501、502 为 10kV 侧断路器，545 为低压侧分段断路器。当低压侧分列运行，跳分段回路可不投，但在一台变压器的低压侧主断路器（如 502）检修时，这时545 合闸，由另一台变压器的低压侧断路器（501）带两段母线运行，这时当 A 点发生故障时，若无跳分段回路，则直接将 501 断路器跳开，低压侧Ⅰ、Ⅱ母线均失电。这时，若有跳

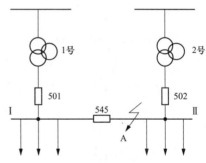

图 5-15　过电流保护时限特性的配合选择示意图

分段回路，可以短时限跳开分段断路器 545，Ⅱ母线失电Ⅰ母线将继续运行。

综上所述，一台变压器的过电流保护设置时限如下：

低压侧过电流设置三段时限：$t_Ⅰ$ 跳分段断路器；$t_Ⅱ$ 时限跳本侧断路器；$t_Ⅲ$ 时限跳总出口。

中压侧过电流设置三段时限：t'_{I} 跳母联断路器，t'_{II} 时限跳本侧断路器，t'_{III} 时限跳总出口。

高压侧过电流：t''_{I} 时限跳开中压侧断路器，这种情况用于中压侧过电流保护不投的情况，t''_{II} 时限跳总出口。

（6）过电流保护时限配合特别要求。低压侧过电流跳本侧断路器时限 t_{II} 必须小于高压侧过电流跳中压侧断路器时限 t'_{I}。主要是为了防止低压侧故障时，造成中压侧断路器的无谓跳闸，因为当低压侧母线故障时，高压侧过电流保护可以启动，灵敏度一般都满足要求。

1）各侧的过电流保护必须满足 $t_{\mathrm{I}}<t_{\mathrm{II}}<t_{\mathrm{III}}$ 的配合关系。

2）对于各侧过电流保护跳总出口时限可设置为 $t_{\mathrm{III}}=t'_{\mathrm{III}}=t''_{\mathrm{II}}$。这样可以节省一个时限级差。

（7）负序电压元件简介。在复合电压闭锁过电流保护中负序电压的取得是由负序电压继电器实现的，负序电压继电器由负序电压滤过器和灵敏度较高的电压型执行元件构成的。

如图 5-16（a）是由电阻、电容构成的单相式负序电压滤过器。滤过器的输入端接于线电压，不包含零序分量，因此从输入端即避免了零序分量电压进入滤过器。

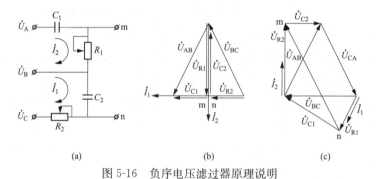

图 5-16　负序电压滤过器原理说明

（a）电路图；（b）输入正序电压时的向量图；（c）输入负序电压时的向量图

1）为了避免正序电压通过滤过器，两个阻抗臂的参数应取为 $R_1=\sqrt{3}X_{\mathrm{C1}}$，$R_2=(1/\sqrt{3})X_{\mathrm{C2}}$，$R_1=X_{\mathrm{C2}}$，这时滤过器输出电压向量如图 5-16（b），可见当系统正常运行仅有正序电压时，输出电压 $U_{\mathrm{mn}}=0\mathrm{V}$；

2）当输入负序电压时，其向量图如图 5-16（c）所示，可见输出电压 U_{mn} 与负序电压成正比，灵敏反应电压量中的负序分量。

3）负序电压继电器的调试。

a. 将滤过器负载断开（在继电器内部有连接片）；

b. 加 $U_{\mathrm{AB}}=100\mathrm{V}$，对 AB 臂可调 R_1，使 $U_{\mathrm{R1}}=87\pm1\mathrm{V}$，$U_{\mathrm{C1}}=50\pm1\mathrm{V}$；

c. 加 $U_{\mathrm{BC}}=100\mathrm{V}$，对 BC 臂可调 R_2，使 $U_{\mathrm{R2}}=50\pm1\mathrm{V}$，$U_{\mathrm{C2}}=87\pm1\mathrm{V}$；

d. 加 U_{AB}、U_{BC}、U_{CA} 为对称正序 $100\mathrm{V}$，测 U_{ab} 应等于 0。

e. 接入负载测试定值。正常采用两种试验方法，即三相法和单相法。用三相法即在继电器的端子上加入三相对称负序电压，调整执行元件，使动作值符合整定要求；

90

用单相法时，即模拟 AB、BC、CA 三种两相短路，测试继电器的动作值和返回值，对于以线电压为刻度值的继电器，所加电压应是继电器动作电压的 $\sqrt{3}$ 倍。

2. 零序（方向）过电流保护

在直接接地系统中，接地故障的概率较大，所以应装设接地故障保护，作为变压器主保护的后备保护及相邻元件接地故障的后备保护。保护用电流互感器应接于中性点引出线上（注意零序方向指向均以方向元件采用的零序电流互感器安装位置为界进行判定），其额定电压可选择低一级的。其相应功率方向元件的接线根据继电器类型（70°灵敏角和110°灵敏角）不同而采用不同极性引入。对于70°灵敏角，电流线圈极性端与继电器电流回路极性端相连，开口三角电压极性端与继电器电压输入回路非极性端相连；而对于110°灵敏角的继电器，则电流、电压回路接线上均为极性端对应连接。为了缩小接地故障的影响范围及提高后备保护动作的快速性，设置了两段式零序过电流保护，每段各带两级时限。零序Ⅰ段作为变压器及母线的接地故障后备保护，其动作电流与母线上各出线零序电流保护Ⅰ段在灵敏系数上配合整定，以较短延时（0.5s）作用于跳开母联断路器或分段断路器；以较长延时（0.5＋Δt）作用于跳开变压器各侧断路器。零序Ⅱ段作为引出线接地故障的后备保护。第一级（短）延时与引出线零序后备段动作延时配合，第二级（长）延时，比第一级延时长一个阶梯时限 Δt。

3. 间隙保护

对于中性点不接地的变压器，应投入间隙保护。

对于 TA 的选取，原则上应选用接地点侧的专用间隙 TA2，但当没有设置专用间隙电流保护 TA 时，也可与零序过电流保护共用 TA，这时应从出口压板上控制保护功能的投退。

间隙保护的作用：对于全绝缘的变压器（即绕组和中性点绝缘一致）在中性点不接地运行时发生接地故障对变压器的绝缘是没有威胁的；而对于分级绝缘的变压器（如110kV变压器，中性点绝缘为66kV），当失去接地点并发生接地故障时，产生的对地高压可能造成中性点绝缘的损坏，故而要设间隙保护。

首先，变压器一次中性点经间隙接地，该间隙的设置即为中性点绝缘的一次保护；其次，二次保护系统设置间隙电流和间隙电压两种保护，由图5-17可知，两者触点应并联工作。

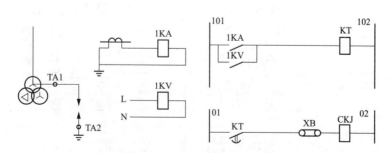

图 5-17　零序及间隙保护示意图

下面就一起间隙保护误动情况进行分析。已知一次系统接线如图 5-18 所示。

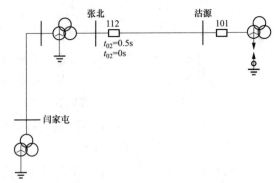

图 5-18　一次系统接线示例

闫家屯、张北变电站变压器高、中压侧为直接接地系统，沽源变压器 110kV 侧为经间隙接地方式，张北-沽源 110kV 线路，112 断路器设置两段时限零序过电流保护（0s 段和 0.5s 段），沽源变压器间隙定值：$I_{oj}＝100A$（一次值）；$3U_{oj}＝150V$（二次值），$t_{jx}＝0.5s$。在 112 断路器零序 I 段保护范围内发生故障时，112 断路器以 $t_{01}＝0s$ 动作出口跳开 112 断路器，这时二时限段 t_{02} 返回，间隙保护（沽源变压器）不会发生误动作。在 112 断路器零序 II 段发生故障时，112 断路器 t_{01} 不动作，这时线路保护和沽源变压器（t_{jx}）均以 0.5s 跳闸，造成沽源侧 101 断路器误动；这时 101 断路器不重合，而线路 112 断路器重合于空载线路，造成负荷损失。

解决措施：将线路零序 II 段时限改为 0.4s，而间隙保护动作时间 t_{jx} 增大至 0.7s 保证 0.3s 级差，因为微机保护时间元件计时精确，较小的时间级差也是允许的。

第五节　微机型变压器保护的调试、试验

一、微机变压器差动保护的定值

在这一部分，主要讲解比率制动差动元件制动特性的检验方法，下面以某站 1 号变压器保护（采用的是 LFP-972，注意该保护装置的平衡系数调整采用硬件调整方法）为例进行具体的分析讲解，本例以 $I_r＝\max(|I_1|,|I_2|,|I_3|)$ 算法讲解。主变压器高、中压侧为星形接线，低压侧为三角形接线，各侧 TA 均采用星形接线，以各侧母线为极性。

（1）定值通知单相关内容（$S_e＝50000kVA$，110kV/38.5kV/10.5kV）见表 5-2。

表 5-2　　　　　　　　　　　　变压器各侧二次额定电流计算

序号	定值名称	定值符号	变比	定值
1	高压侧二次额定电流	I_{eh}	600/5	3.787
2	中压侧二次额定电流	I_{em}	1800/5	3.607
3	低压侧二次额定电流	I_{el}	3000/5	4.582
4	差动电流启动定值	I_{cdqd}	600/5	$0.5I_e$
5	比率差动制动系数	K_{bl}		0.5

（2）根据各侧二次额定电流（经补偿后即考虑 K_{jX}），计算各侧的平衡调整数值。

高压侧：$K_H=I_n/I_{eh}=5A/3.787A=1.32$。

中压侧：$K_M=I_n/I_{em}=5A/3.607A=1.39$。

低压侧：$K_L=I_n/I_{el}=5A/4.582A=1.09$。

（3）根据定值单，绘制制动特性曲线（需要注意的是制动特性曲线上所给定的值均为经过补偿以后的数值），如示例中给定定值对应的制动特性曲线如图 5-19 所示（以高压侧为基准）。

（4）在试验中一般通入高、中压侧电流进行校验，方法为：利用一台三相试验仪的 A、B 两相电流分别模拟高压侧电流 A 相和中压侧电流 A 相，且调整输出两者相位相差 180°，主要通过调整中压侧电流的大小来改变制动电流的大小，进而求得动作电流值，根据相应的补偿关系，计算出高、中压侧的应通入的电流值。一般情况下，根据两点确定一条直线，在任一折线上仅作两个点即可确定特性曲线是否符合整定值规定，如取图 5-19 中四个测试点。下面以表 5-3 的形式进行分析计算。

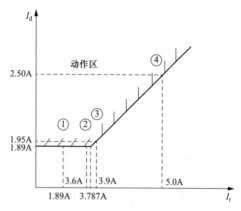

图 5-19　制动特性试验方法示意图

表 5-3　　　　　　　　　　变压器比率差动制动特性试验数据计算

测试点	补偿后差动值	补偿后制动值	补偿后各侧电流	补偿前各侧电流计算
①	1.89A	1.89A	$I_H=1.89A\angle 0°$ $I_M=0A\angle 180°$	$I_H=I_H\times\sqrt{3}K_h=1.89\times\sqrt{3}\times1.32=2.48A\angle 0°$ $I_m=I_m\times\sqrt{3}K_m=0\times\sqrt{3}\times1.39=0A\angle 180°$
②	1.89A	3.6A	$I_H=3.6A\angle 0°$ $I_M=1.71A\angle 180°$	$I_L=I_L\times\sqrt{3}K_h=3.6\times\sqrt{3}\times1.32=2.24A\angle 0°$ $I_m=I_m\times\sqrt{3}K_m=1.71\times\sqrt{3}\times1.39=4.49A\angle 180°$
③	$(3.9-3.787)\times$ $0.5+1.89=1.95A$	3.9A	$I_H=3.9A\angle 0°$ $I_M=1.95A\angle 180°$	$I_L=I_L\times\sqrt{3}K_h=3.9\times\sqrt{3}\times1.32=2.56A\angle 0°$ $I_m=I_m\times\sqrt{3}K_m=1.95\times\sqrt{3}\times1.39=4.86A\angle 180°$
④	$(5-3.787)\times$ $0.5+1.89=2.5A$	5A	$I_H=5A\angle 0°$ $I_M=2.5A\angle 180°$	$I_L=I_L\times\sqrt{3}K_h=5\times\sqrt{3}\times1.32=3.28A\angle 0°$ $I_m=I_m\times\sqrt{3}K_m=2.5\times\sqrt{3}\times1.39=6.23A\angle 180°$

以上计算结果均为临界值，在具体试验过程中应通过改变中压侧电流使差流适当变大而可靠动作，或适当变小而可靠不动作。

二、微机变压器差动保护的配置

在 110kV 综合自动化变电站中有多家微机保护在使用，以南瑞公司的 RCS-9681C 型主变压器后备保护用于 110kV 电压或以下等级变压器的 110kV 或 35kV

10kV 侧后备保护装置。

1. 保护主要配置

(1) 五段复合电压闭锁过电流保护(可带方向,方向灵敏角 45°/225°),一段过电流保护。

(2) 接地零序保护(三段零序过电流保护,一、二段各二时限可经方向闭锁,三段一时限可选跳闸或报警)。

(3) 不接地零序保护 [一段定值二段时限的零序过电压保护、一段定值二段时限的间隙零序过电流保护(跳闸或报警)];可通过控制字选择间隙零序电压过电流保护方式。

另外,装置还具有过负荷发信号、启动主变压器风冷,过载闭锁有载调压等功能。

其他功能包括测控功能及保护故障信息远传功能,目前在实用中通常利用该型装置的测控功能完成主变压器三侧断路器的测控,而不配置独立的测控装置。

硬件配置上,设有五个电抗器和四个电压变换器、分别把三相相电流、中性线电流、中性点间隙电流及三相相电压、零序电压进行隔离、变换。

2. 独立启动部分

为了防止单一元件故障引起保护在正常运行情况下的误出口,设置独立的启动元件开放出口继电器正电源是有效的闭锁措施,且启动部分的交流采样与保护 CPU 完全独立,进一步保证了安全性。

保护启动元件设置的基本原则是保证本保护所有功能都有对应的启动部分。

如图 5-20 所示,微机型变压器后备保护的独立启动逻辑,装置中配置的各种后备保护功能分别独立设置相应的启动元件。过电流启动对应装置的复合电压闭锁方向过电流保护,零序电流启动对应于接地零序保护,间隙零序电流启动和零序过电压启动对应于装置的不接地保护(对应于一次装设间隙的变压器)。

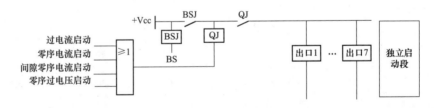

图 5-20　RCS-9681C 保护独立启动模块

启动元件动作后,启动继电器 QJ 动作,开放出口 1 至出口 7 继电器的正电源,因此,启动继电器动作是保护动作的前提,启动元件的灵敏度应不能影响保护元件的工作。

3. 复合电压闭锁方向过电流保护

RCS-9681C 复合电压闭锁方向过电流保护模块如图 5-21 所示。

(1) 方向元件。五段复合电压闭锁过电流保护均可带方向元件,方向元件采用正序电压极化，所谓极化量就是方向元件的方向比较用的电压基准，采用正序电压作为极化的优点就是正序电压在各种非对称短路故障形式中相位不会发生变化，即使在出口三相短路正序电压为零的最严重情况下，依靠正序电压的记忆仍然能可靠保证方向元件的电压比较量的正确，消除近处三相短路时方向元件的死区。在传统的保护中通过谐振回路实现记忆功能，在微机保护中，由于存储功能的优势，调用前几周的采集数据，即可完成正序电压的记忆。需要注意的是，在微机保护中一般电压记忆量仅采用前 2 个周期的量，这是因为数据采样系统有累积误差，如果记忆量采用更早的采样量会造成方向的误判断。

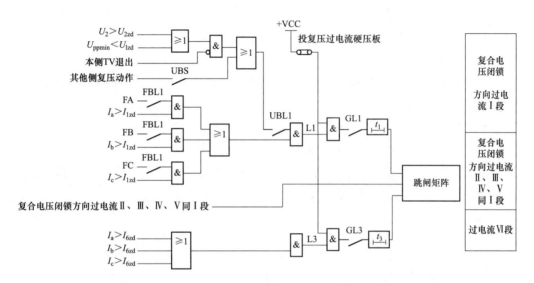

图 5-21 RCS-9681C 复合电压闭锁方向过电流保护模块

方向元件和电流元件接成"按相启动"方式，即同名相的方向元件与电流元件组成"与门"，只有本相的方向元件与电流元件都动作，才能启动过电流保护的时间元件。这样有效地防止了在非全相过程当中，由于非故障相负荷电流方向的影响，造成方向过电流保护误动作。

若电流互感器正极性设置在母线侧时，装置内部的五段保护分别由控制字控制功率方向元件的方向指向，方向元件指向变压器时，方向元件灵敏角应为 45°，此时控制字"过电流保护方向指向"整定应为"0"。方向元件指向母线及其出线（也有的厂家称之为"指向系统"），方向元件灵敏角应为 225°，控制字"过电流保护方向指向"整定应为"1"。对于方向元件的指向问题，指向哪一侧即作为该侧的后备保护。

（2）复合电压元件。该装置的复合电压元件由三个部分组成，包括：

1）本侧电压中的负序电压，用于反应不对称故障，大于整定值时动作，对于负序电压定值，一般取线电压值为 9V；当用于靠近电气化铁路的变电站时，由于可能出现电压不平衡程度较大，而选择定值为 12V。

2）本侧低电压元件动作，三个相间电压的最小值满足条件时有输出，用以反应三相对称性短路及相间短路。

3）其他侧的复合电压也可启动本侧的复压元件，即 UBS 控制字控制的"其他侧复压动作"开入。用以解决其他侧系统故障时本侧电压灵敏度不足的问题。

由于复合电压及方向元件的引入，应考虑 TV 回路异常的处理。

当本侧 TV 检修或旁路带路未切换 TV 时，为保证该侧后备保护的正确动作，需投入"本侧 TV 退出"压板，此时该侧后备保护的功能有如下变化：

1）复合电压闭锁（方向）过电流保护自动解除本侧复合电压闭锁，可以经过其他侧复合电压闭锁（控制字 UBS=1）；

2）复合电压过电流保护和零序过电流保护自动解除方向元件闭锁，即认为方向元件满足条件，不能因为单一方向元件问题造成保护拒动；

3）TV 断线检测功能解除；

4）本侧复合电压动作功能解除，在本侧电压不能正常反映一次系统电压变化时，本侧电压不启动其他侧复压。

（3）过电流保护的配置。本保护除配置五段可经复合电压闭锁的过电流段外，还配置了一段不经复合电压及方向元件闭锁的纯过电流段。

在实际运行过程中，复合电压闭锁过电流保护的电流定值按照躲过各侧额定电流 I_e 整定，其灵敏度高，按照目前的整定原则，在考虑可靠系数、返回系数后，最后实际的定值一般为 1.4 倍的各侧 I_e，但由于带复合电压闭锁的过电流段作为相邻元件的后备保护，其整定时限需要与下级线路配合，所以动作时间相对较长。在中、低压侧母线发生故障时，因为一般低压电压等级不会配置专用的母线保护，只能依靠各侧的过电流保护动作，不可避免的动作时间会很长，但主变压器出口三相短路时主变压器的承受能力有限，目前各厂家参考的允许最长时限是 2s，但系统中阶段式过电流保护配合中，部分的变压器过电流保护的时限远超这个时间，因此，可能会出现主变压器中、低压侧母线故障时，虽然最终能切除故障，但主变压器已出现不可逆的损坏。

针对目前系统中多发生的发展类故障看，最初不接地系统发生弧光接地，弧光接地后的谐振过程中，不接地系统的电压畸变严重，引起 TV 断线误判别，为提高过电流保护的安全性，目前 TV 断线情况下一般设置为退出对应的过电流保护，此时相当于对应侧的过电流保护已经退出，多次弧光接地后，超出电磁式电压互感器的承受能力，随之发生爆炸，波及母线，最终发展成母线三相短路故障，由于先前所述原因，本侧过电流保护因 TV 断线判据满足已退出，只能依靠高压侧的复合电压闭锁过电流保护去切除故障。在此情况下，一方面切除时间必然很长，另一广面，由于变压器自身阻抗较大，有可能出现低短路水平的短路电流在主变压器短路阻抗上的压降不足以使高压侧复压满足，高压侧复合电压闭锁过电流也会拒动。

基于上述原因，保护装置中设置一段纯过电流段，定值、时间与出线速动段中最大值配合，时间适当缩短，保证对母线故障时有足够灵敏度即可，以便快速切除上述情况下的母线三相短路。

4. 接地保护

对于 110kV 及以上电压等级的变压器需要设置接地保护，特别针对变压器接地方式的三种不同情况（中性点直接接地、中性点不接地和中性点经间隙接地）设置不同的保护。图 5-22 为 RCS-9681C 零序电流及间隙保护逻辑框图。

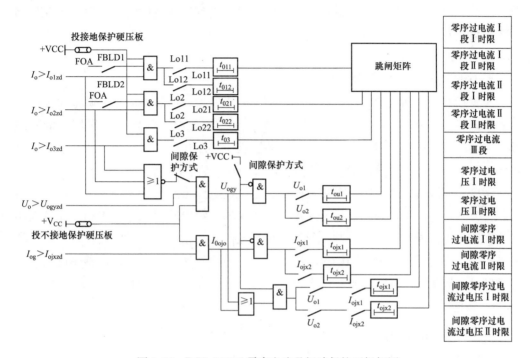

图 5-22　RCS-9681C 零序电流及间隙保护逻辑框图

（1）零序功率方向元件。本装置零序功率方向的判别量固定采用自产零序电压和外接零序电流，同时，判别零序方向时为防止 TV 断线对方向正确判断的影响，同时要求存在外加零序电压。中性线零序 TA 的正极性端在变压器侧（外接套管 TA 正极性端在母线侧）。

本装置有"零序保护方向指向"控制字，整定零序方向过电流 I、II 段的方向指向，当"零序保护方向指向"整定为"0"时，零序 I、II 段方向指向变压器，灵敏角为 225°（即零序电压超前零序电流 225°）；当"零序保护方向指向"整定为"1"时，零序方向 I、II 段都指向系统，灵敏角为 45°（即零序电压超前零序电流 45°）。

（2）零序过流元件，零序电流的大小采用中性线零序电流互感器获得计算。从目前实际情况来看，110kV 变压器多数用于直接负荷供电，其主变压器对应供电的 35、10kV 系统均为中性点不接地系统，35、10kV 没有零序电流的通路，即零序网络不包括主变压器中、低压侧系统及星形接线的中压侧绕组。

在 110kV 侧主变压器中性点不直接接地的情况下，主变压器高压侧引线、高压侧绕组的接地故障依靠对侧零序或接地距离 II 段能可靠切除，况且主变压器本身也有纵差保护，能保证可靠切除上述故障。另一方面，由于零序电流保护固定采用中性点零序互感器电流，在主变压器高压侧引线、高压侧绕组发生接地故障时，中性点零序互感器无电流，方向元件不工作。

在110kV侧主变压器中性点直接接地的情况下，主变压器高压侧引线、高压侧绕组发生接地故障时，一方面依靠主变压器纵差及对侧元件零序或接地距离二段切除，另一方面此时零序方向判别用的零序电压与零序方向判别用的中性点零序电流互感器电流最终判别是属于反方向故障，注意是以方向判别用电流互感器安装位置为界，根据指向判定故障发生的方向。

5. 中性点不接地或经间隙接地运行

装置设有一段两时限零序电流闭锁零序过电压保护和一段两时限间隙零序过电流保护，两者第一时限出口跳闸用于缩小故障范围，第二时限均跳主变压器各侧断路器。当零序过电压第二时限保护不投入时装置提供零序过电压告警功能，间隙零序过电流第二时限保护不投入时装置提供间隙零序过电流告警功能。

考虑到间隙击穿过程中，零序过电流和零序过电压可能交替出现，装置设有"间隙保护方式"控制字，间隙保护方式投入时，保护装置中的间隙过电流和间隙过电压工作在互为保持模式下，两个判别元件采用"或门"关系，启动时间元件，需要注意的是控制字中间隙过电流和间隙过电压均投入。当间隙保护方式投入，零序过电压不经零序过电流闭锁，并且其独立的零序过电压和零序过电流段被闭锁。

6. 其他功能

装置设置有过负荷启动风冷、过载闭锁有载调压，电流测定均取三相电流的最大值作为判别。

7. TV断线判据

正序电压小于30V，而任一相电流大于$0.06I_n$，用于反应三相断线。

负序电压大于8V，用于反应单相或两相断线。

满足上述任一条件后延时10s报母线TV断线，发出运行异常告警信号，待电压恢复正常后保护也自动恢复正常。根据整定控制字选择是退出经方向或复合电压闭锁的各段过电流保护还是暂时取消方向和低电压闭锁。当各段复压过电流保护都不经复压闭锁和方向闭锁时，不判TV断线。

8. 跳闸矩阵的设置

本装置各保护跳闸方式通过"跳闸矩阵的设置"实现，即当某段保护动作，跳哪一个断路器可以按需自由整定。凡是跳闸型的保护都由跳闸矩阵决定跳闸的最终出口，RCS-9681C共有七组出口跳闸继电器：出口1(CK1)、出口2(CK2)、出口3(CK3)、出口4(CK4)、出口5(CK5)、出口6(CK6)、出口7(CK7)。出口跳闸继电器1、2、3、4、5、6、7可由用户二次接线决定对应跳闸的断路器。

实际应用中，对于各段后备保护，出口1用于本侧母联（或分段）断路器跳闸，出口2用于本侧断路器跳闸，出口3用于其他侧断路器跳闸，见表5-4。

表 5-4　　　　　　　　　　　RCS-9681C 跳闸出口矩阵整定

位数	16	15	14	13	12	11	10	9	8	7	6	5	4	3	2	1	0
元件 出口	JX2	JX1	I0 jx2	I0 jx1	U02	U01	L03	L022	L021	L012	L011	GL6	GL5	GL4	GL3	GL2	GL1
CK1	0	0	0	0	0	0	0	0	0	0	1	0	0	0	0	0	1
CK2																	
CK3																	
CK4																	
CK5																	
CK6																	
CK7	0	0	0	0	0	0	0	0	0	0	0	0	0	0	0	0	0

注　行表示保护元件，列表示要动作的出口跳闸继电器。

整定方法：在保护元件与要动作的出口跳闸继电器的空格处填 1，其他空格填 0，则可得到跳闸方式。

实际工作中，为了保证跳闸出口矩阵的正确，防止人员误整定，建议要求跳闸出口矩阵变动后，必须用实验验证是否正确，有条件的带断路器实际传动，无条件的至少要传动到出口压板。

9. 零序过电压报警

在变压器的中、低压侧不接地系统中，当母线发生接地故障时，其开口三角电压回路有输出，发出母线接地告警信号，同过去的接地监视继电器的功能是一样的。一般电压定值取 30V，延时 $t=7s$（或 9s）。

三、微机型后备保护 RCS-9681C 的调试

在现场工作中，对于后备保护各项指标及参数的校正是非常重要的。特别是对其逻辑回路的检查是试验工作的重点，需要进行认真的分析、操作。下面对常用的几种保护功能进行详细的分析。

1. 复合电压闭锁方向过电流定值

（1）定值。$I=5A$，$t_I=2.5s$（高压侧母联），$t_{II}=3.0s$（高压侧断路器），方向指向变压器。

（2）过电流定值及方向元件的试验。已知方向元件指向变压器，其最大灵敏角为 45°，即各相电压超前对应相电流 45°为最灵敏角，其理想动作区为+45°～−135°之间。

首先在最大灵敏角下，测试电流元件动作值，三相应分别测定，以 A 相为例，需要特别注意的是应先由试验器模拟故障前的正常运行状态，使 TV 断线恢复，保证方向元件的正常动作。通入表 5-5 中的电流并持续规定时间，检查出口的跳闸方式是否符合整定要求。

表 5-5　　　　　　　　　RCS-9681C 复合电压闭锁过电流试验定值

相别	电压数值	电压角度	电流数值	电流角度	故障持续时间	跳闸出口方式
A	5V	0°	5×1.05A	−45°	3.1s	2.5s—高压侧母联
B	57.7V	240°	0	—		3.0s—高压侧断路器
C	57.7V	120°	0	—		

在满足复合电压元件动作条件及电流定值要求后，改变试验器输出电流相对 A 相电压的相位角，测量 A 相方向元件的动作边界。

2. 复合电压元件的动作值检查

(1) 低电压元件。定值中一般给定的低电压定值为线电压，$U_{dz}=60V$，在用三相试验器进行试验时，一般通入对称三相电压，即每相电压为 $0.95×60/\sqrt{3}=32.9V$，当同时满足方向元件及过电流定值时，保护应出口。取 $1.05×60/\sqrt{3}=36.4V$，保护应不动作。

(2) 负序电压元件。用试验仪输出三相对称负序电压，当大于定值时，保护应动作；反之，保护闭锁。值得注意的是在试验负序电压的时候，同时也满足低电压条件，故必须把低电压元件定值改变为 0V，即保证低电压元件在试验过程中无输出。试验结束后修改定值。

(3) 其他侧复压元件的开入。在对其他侧复合电压元件检测完好的基础上，可以通过开/断压板检查本装置开入的方法确定其正确性。

3. 零序方向过电流保护

定值 $L_{01}=5A$，$t_I=2.5s$（高压侧母联）$t_{II}=3.0s$（高压侧断路器），方向指向系统。根据整定要求，方向元件判别采用自产 $3U_0$ 和外接 $3I_0$。电流大小判别采用外接 $3I_0$，且经外接开口三角 $3U_0$ 闭锁（仅为数值大小上的闭锁），见表 5-6。

表 5-6　　　　　　　　　零序电流定值及功率方向元件动作区测定

试验器仪输出	对应保护装置输入	取定数值及相位	故障持续时间	保护动作情况
A 相电压	自产 $3U_0$，接入本侧（高压侧）A 相电压 A630，用于方向判别用电压	30V∠0°	3.1s	2.5s—跳高压侧母联 3.0s—跳高压侧断路器
B 相电压	外接开口 $3U_0$，接入本侧（高压侧）零序电压 L630，用于零序电压闭锁	30V∠0°		
A 相电流	接入装置 A 相电流输入，用于当零序功率方向判别选用自产 $3I_0$ 的情况	1.05×5A∠−45°		
B 相电流	外接 $3I_0$，用于零序电流定值判别	1.05×5A∠−45°		

对于方向元件的调试，即 $3U_0$ 的相位固定不变（即试验器 A 相电压相位角不变），改变 $3I_0$ 的相角即试验器输出的 A 相电流（外接 $3I_0$），测定其动作区应在 +45°～+225°。

根据现场运行规定，间隙过电流与间隙过电压以并联方式（即或门）出口，在微机保护中同样满足这一要求，在 RCS-9681C 中，间隙过电流保护的动作逻辑比较简单，当保护功能模块投入且外加间隙电流大于定值后，出口跳闸；而零序过电压保护则受零序过电流元件的闭锁，三段零序过电流较小定值为零序电流闭锁值，以保证在中性点直接接地方式下，间隙过电压元件是退出的。

本节以 RCS-9681C 为例，讲解了变压器微机型后备保护的调试方法，主要是针对于具体的定值进行了分析，在实际的生产中，可以以此为参照，并结合产品技术资料中的有关说明进行，根据现场的实际条件，采取恰当的试验方法，保证检验工作正确、完善、符合相应的规定。

第六节　220kV 变压器保护原理及运行操作注意事项

220kV 变压器保护的基本工作原理和运行注意事项与 110kV 变压器保护基本一致。本节只对 220kV 变压器涉及的一些关键问题进行重申和细化讲解。

一、正确认识非电量瓦斯保护的主保护地位

1. 基本原理及说明

在线路保护及母线保护中，电流差动保护对保护范围内的各类故障均有很好的反应能力。但变压器保护中配置的电流差动保护由于变压器的工作原理及结构特性等原因，在变压器内部的某些故障情况下，不能灵敏的反应，比如星形接线绕组尾部的相间短路故障及绕组很少匝间的短路故障。而瓦斯保护可以比较灵敏的反应。另外变压器电流差动保护不能反应绕组的开焊故障，开焊故障下的电流闪弧却能产生大量气体，造成瓦斯保护的动作。所以瓦斯保护是变压器的主保护之一。

另外，根据系统中变压器的故障情况，当变压器内部故障引起了电流差动保护动作，该故障对变压器的损坏是无法修复的。而快速并灵敏动作的瓦斯保护却可以提前动作。

2. 运行操作注意事项

根据运行规程的相关规定执行。比如瓦斯保护的继电器及二次回路故障或有工作时、变压器油路有工作或更换变压器油之后需要将瓦斯保护改信号运行。对于新投入的变压器在充电合闸时投入瓦斯保护，空载运行 24h 期间瓦斯保护仍然正常投入。

要求变电站运行人员应认真合理掌握变压器瓦斯保护的投退，因为系统中变压器的非电量保护均为单重化配置，退出检修期间会造成部分故障情况下失去主保护。

二、电流差动保护仍然为变压器的电气量主保护

1. 基本原理及相关说明

变压器的运行原理实际上是能量守恒的基尔霍夫定律，变压器的电流差动保护之

所以比较复杂是因为需要将能量守恒通过变压器各侧电流互感器变比及各侧电压折算成满足基尔霍夫电流定律的电流守恒。

经过折算以后的满足基尔霍夫电流定律的各侧电流进行差动原理的计算，区内故障（各侧用于差动保护的电流互感器包括的范围），差动电流很大，保护可靠动作；区外故障或正常负荷状态下，差动电流理想状况为 0，保护可靠不动作。

2. 差动保护运行操作注意事项

变压器在空载充电合闸之前应该将差动保护投入运行。

变压器带负荷前，若电流回路不能保证正确性时要在带负荷前将差动保护退出运行，防止造成负荷损失。比如差动保护回路改造或元件更换（更换电流互感器、二次回路上的端子箱或保护屏进行更换等）。

在差动保护规定的应退出的异常情况发生时退出差动保护。如"差流越限告警""电流互感器断线"等。应该有敏感的关注能力，需要正确判断是一次设备问题还是二次保护问题造成（故障判断中应该通过双重化配置的另外一套保护装置的运行状况）。

3. 变压器电流差动保护的励磁涌流问题

为保证电流差动保护的动作灵敏度，微机保护中的差动电流定值大大小于空载合闸时可能产生的励磁涌流（差动动作电流启动值一般为高压侧额定电流的一半，而励磁涌流可以达到充电侧额定电流的 6～8 倍），通过对励磁涌流的特征进行识别，进而对空载合闸时的电流差动保护进行闭锁。

电网中的微机变压器保护中（如南瑞公司的 RCS-978 系列、北京四方公司的 CSC-326 系列、南自公司的 PST-1200 系列）多采用二次谐波闭锁、波形对称原理闭锁，其实就是对励磁涌流波形的特点进行分析（励磁涌流含有很大的非周期分量，涌流偏向时间轴一侧；包含大量的二次谐波，并以二次谐波为主；励磁涌流波形出现间断角，波形不对称。）

4. 运行操作注意事项

（1）新投运的变压器为什么要冲击合闸 5 次，大修后变压器要冲击合闸 3 次。一是为了测试变压器的绝缘强度，二是为了测试差动保护躲过励磁涌流的能力。绝缘强度的测试主要是用系统的冲击电压进行考验；对于保护躲励磁涌流的能力测试，规定了 5 次和 3 次，但其中的原因与具体的次数无关，主要是因为在不同的电源电压、不同的合闸角及不同的剩磁情况下，变压器产生的励磁涌流是不同的，采用多次合闸就是为了得到不同的励磁涌流状况。

（2）变压器差动保护应该在空载充电合闸时投入运行。要求继电保护人员应该积累相关经验，励磁涌流中波形对称判据采用分相开放，但某些情况下，波形对称原理会闭锁失效，这时如果判断系统电压无降低时，可以再次合闸进行尝试。

励磁涌流在空载投入变压器时和外部故障切除后电压恢复过程均会产生，所以在后一种情况下继电保护人员应该能够迅速的判断。

（3）变压器差动保护中要设置差动速断保护。为躲过励磁涌流的影响，变压器比率差动保护均设置二次谐波闭锁（或相关特征判断闭锁条件），但是当变压器差动保护范围内高压侧引线发生故障，由于短路电流很大，可能造成电流互感器饱和而产生的二次谐波量增加，将比率差动保护闭锁，引起保护的拒动作或延缓动作。为防止上述情况的发生，增加不经过涌流闭锁条件的"差动电流速断保护"，保证差动保护在变压器高压侧出口故障时快速的动作。

三、复合电压闭锁方向过电流保护

1. 基本原理与相关问题说明

方向元件：过电流保护经过方向元件闭锁是在多侧电源变压器或者并列运行变压器中保证动作选择性的措施。

复合电压闭锁元件：复合电压包括相间低电压元件和负序电压元件，两个条件任一满足该元件开放保护过电流保护。经过复合电压闭锁的过电流保护可以按照躲过变压器额定电流整定，灵敏度提高。

2. TV 断线对复合电压闭锁方向过电流保护的影响

方向元件：方向元件采用本侧的电流和电压，当 TV 断线时方向元件退出，闭锁过电流保护。

复合电压闭锁元件：当本侧电压断线后，本侧复合电压元件退出，不开放本侧及其他侧的过电流保护，但是可以根据定值的设定选择其他侧复合电压闭锁，保证过电流保护的正确动作。

TV 断线后，是否将复合电压闭锁过电流保护变为纯过电流保护的考虑：在系统中多次出现某一侧差动区外发生故障并且由于本侧 TV 断线同时发生，造成过电流保护越级问题，所以从运行管理的角度，TV 断线后变为纯过电流保护是值得推广的。但同时也要承担 TV 断线后由于过负荷产生的误动问题。

3. 复合电压闭锁过电流保护案例分析

复合电压闭锁过电流保护动作原理如图 5-23 所示。

Y/D-11 接线变压器，D 侧 TV 首先发生断线故障，报"低压侧 TV 断线告警"，根据定值整定，本侧 TV 断线时闭锁本侧复合电压过电流保护，当 D 侧差动区外发生三相短路时，D 侧过电流保护拒动。

高压侧复合电压闭锁过电流定值能够满足 D 侧故障的灵敏度要求，但经过录波分析及计算，高压侧的复合电压条件不满足（由于是 D 侧三相短路，高压侧无负序分量；根据当时系统的配置，高压侧三相电压降低并

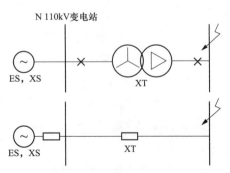

图 5-23　复合电压闭锁过电流保护动作原理图

不明显），分析高压侧电压降低不明显的原因：其主要原因是变压器与内阻较小的大系统越近，高压侧的电压降低越少。

当系统与末端的负荷变压器之间有较大的连接阻抗时，如通过较长的线路连接，即使在变压器低压侧发生三相短路故障，高压侧复合电压元件也应该有较高的灵敏度。

系统末端变电站变压器复合电压闭锁过电流保护动作分析如图 5-24 所示。

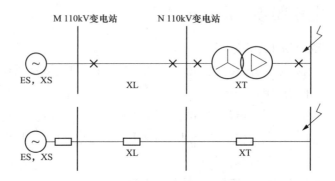

图 5-24　系统末端变电站变压器复合电压闭锁过电流保护动作分析

四、零序方向过电流保护

在实际的运行系统中，零序方向过电流保护在多电源系统中的配置是比较复杂的，对于在系统不同故障位置的情况下零序方向过电流保护的动作行为分析和确定是继电保护人员必须掌握的内容。

重点任务是明确零序方向过电流保护的指向问题与动作范围，变压器零序方向保护的指向指明的是动作区域的正方向，明确的是动作范围，以方向元件采用的电流互感器为界确定指向。有两种指向：一种是指向系统（本侧母线），作为本侧母线及本侧系统线路发生接地故障时的后备保护；另外一种是指向变压器，以高压侧为例，作为变压器高中压侧绕组及中压侧系统线路（如果灵敏度足够）发生接地故障时的后备保护。

1. 零序方向指向系统（母线）案例分析 1

零序方向指向系统的分析系统图如图 5-25 所示系统接线。

线路 MN 发生接地故障时，若由于某种原因线路断路器 QFn 拒动，这时 N 侧仍然有故障电流回路，可以由主变压器 T2N 侧的指向系统的零序方向电流保护动作跳开变压器主断路器 QFn′ 切除故障。对母线及线路的接地故障起到后备作用。

2. 零序方向指向系统（母线）案例分析 2

如图 5-26 所示系统接线。这是 220kV 电网中常见的变电站两台主变压器高压侧并列运行的情况，仅一台中性点接地。

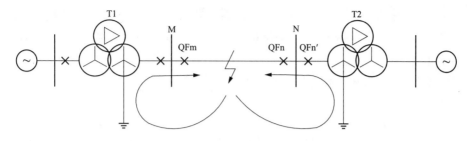

图 5-25　零序方向指向系统的分析系统图

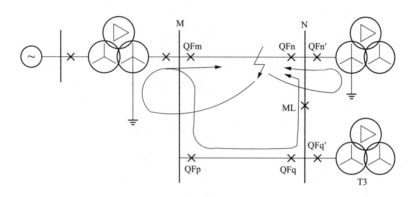

图 5-26　双母线接线侧零序方向指向系统零序过电流保护动作分析原理图

从图 5-26 中可以看出，如果线路 QFn 拒动（并且本母线不设置失灵保护），目的是考虑零序保护的配合，这时图中的 QFp 接地距离Ⅱ段及 T2 变压器 QFn′零序方向保护均有足够的灵敏度，只有设置快速跳开母联断路器的保护才能保证一条线路和 T3 变压器继续运行。实际系统中的母线失灵保护就是保证母联断路器快速动作的举措。

3. 零序方向指向变压器案例分析

图 5-27 中高压侧零序电流是通过 T2 变压器的高、中压侧零序互感耦合产生的。

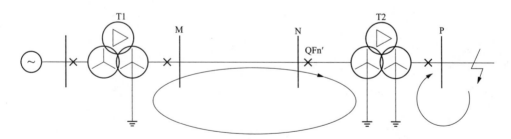

注：变压器QFn′处设置零序方向保护指向变压器，作为变压器T2高压侧绕组(中性点接地)、变压器中压侧中性点接地的绕组及中压侧母线系统接地故障的后备保护。

图 5-27　零序方向指向变压器零序方向过电流保护动作分析原理图

4. 变压器间隙电流保护与零序电流保护的自动切换

在过去的变压器保护中对于零序过电流保护和间隙保护的投退是运行人员根据调度命令并结合变压器中性点接地方式手动进行投退的。

但继电保护标准化设计推广以来，变压器各侧的后备保护中各相功能仅设置一个公用的投退压板，不能手动进行间隙保护及零序过电流保护的切换，必须依靠系统的自动切换完成。

如图 5-28 所示，相关描述也在图中体现。

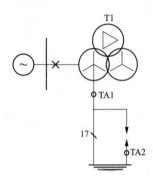

TA1为零序电流保护用电流互感器，TA2为间隙电流保护用电流互感器。
中性点直接接地，17隔离开关合闸位置，将TA2短接，间隙电流保护中不会有电流流过。
中性点不接地，17隔离开关断开，变压器经过间隙接地，当系统出现危及变压器安全运行的电压时间隙击穿，TA1及TA2同时有电流流过，但TA2对应的间隙电流保护定值较小时间较短（0.7s），直接跳变压器三侧开关，而TA1对应的零序过电流保护定值较大时间较长，不会误动。

图 5-28　变压器间隙电流保护与零序电流保护的自动切换

第六章　断路器二次回路

第一节　35kV 及以下断路器与继电保护的配合

断路器作为电力系统正常操作、故障情况下保护及自动装置动作及其他电力系统自动化功能的执行元件，在电力系统中发挥着重要的作用，特别是在系统发生故障时，断路器接受保护或自动装置的命令，自动进行相应的跳、合操作，快速有选择性地将故障元件从系统中隔离，确保电力系统的安全、稳定运行。之所以讲解断路器的有关知识，主要是由于断路器作为保护或自动装置命令的执行单元，与保护的二次回路有着密切的关系，同时断路器的动作正确与否对继电保护的动作行为有着很大的影响。原则上要求断路器可靠的工作，接受保护命令并正确执行操作，但断路器有时会由于种种原因发生误动作或拒绝动作的情况，所以在本章节中讲解关于断路器事故界定的有关内容，这部分内容将有助于在运行维护的工作中正确分析事故起到积极作用。对于断路器的机构方面，主要讲解与保护回路接口部分的电气回路，并结合断路器的原理图讲解断路器的动作过程。

一、DW-8 型电磁断路器中的电流互感器

该种断路器多用于 35kV 系统中，为了适应低压系统紧凑型结构的要求，在断路器的机构箱中配置相应的电流互感器，这样可以节省外附式互感器，节约建设资金，简化电力系统一次结构设计，在讲解断路器电气回路之前简单介绍其配置的互感器，至于互感器的特性方面的讲解，前面已进行了详细的阐述，这里只讲其特殊的部分和要求。

从图 6-1 可以看出互感器配置在断路器的两端引出线上，引线相当于其一次线圈，二次线圈有不同的抽头引出接至机构箱中的端子排上，可以根据定值的大小选用不同的电流互感器变比，使保护工作在电流互感器测量特性最精确的部分（主要考核的是在故障情况下的精确测量）。多抽头电流互感器二次绕组示意图如图 6-2 所示。

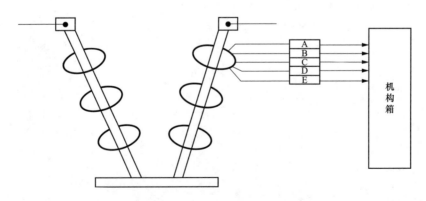

图 6-1　DW-8 型电磁断路器中的电流互感器示意图

任何一组电流互感器的二次线圈都包括多个抽头，由于其一次线圈的匝数是不变的，所以通过改变二次线圈的匝数可以得到不同的变比，但应该注意的是，无论使用哪种变比，必须将端子"A"作为公共端，这时得到的变比才是满足铭牌规定的额定变比。

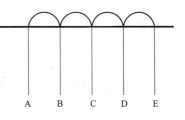

图 6-2　多抽头电流互感器二次绕组示意图

另外，电流互感器中其二次侧不允许开路，对于多抽头的电流互感器，只要有一组二次端子使用，则不属于开路，切不可将不用的抽头短路，这时得到的变比将是不可预测的。

在常规的断路器中，变比的配置一般是符合国标的，大致有以下两种规格：

（1）变比在（200～600）/5可以选择：AB(200/5)、AC(300/5)、AD(400/5)、AE(600/5)，可以清楚的看出使用的匝数越多，得到的电流互感器的变比越大；反之，则变比越小。

（2）变比在（600～1200）/5可以选择：AB(600/5)、AC(800/5)、AD(1000/5)、AE(1200/5)。

二、DW-2 电磁型操动机构

在这种断路器的机械结构方面，简单介绍机械传动机构中的"三点"，"三点"是对断路器机构传动系统中的各轴之间存在的几个固定连接的简称，在断路器的传动系统的调试中，这三个点的位置恰当是确保断路器正确可靠工作的基础，同样在现场实际工作中也常常发生由于"三点"调整不合适造成的断路器拒合或拒分的现象。DW-2断路器机构分合闸示意图如图6-3所示。

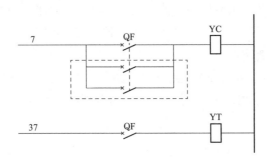

图 6-3　DW-2 断路器机构分合闸示意图

回路编号为"7"的回路为合闸回路，根据断路器的结构知道其合闸铁芯较大，不仅需要很大的合闸电动力，而且需要的合闸时间也较长，为确保合闸的可靠，利用的断路器辅助触点为扇形延续触点，触点示意图如图6-4所示。

另外在该类型断路器中，跳闸线圈一般由两个线圈组成，现场应用中必须保证两个线圈的极性正确，若线圈极性接反，则可能发生拒动现象，由于接反时，两个线圈的磁通相互抵消，使电磁力严重减小。

结合断路器的机械结构可知，辅助触点的转换符合 90°角度的关系，即辅助触点转轴转动 90°后才能实现动合与动断动作的转换。故辅助触点转轴在 90°范围的中间位置时，其动合与动断触点均不能闭合，控制回路中的跳闸与合闸位置继电器均不动作，会瞬时出现"控制回路断线信号"，其原因描述如图 6-5 所示。

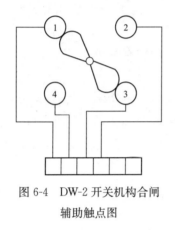

图 6-4 DW-2 开关机构合闸
辅助触点图

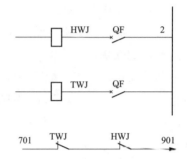

图 6-5 断路器分合闸过程中"控制回
路断线"信号发生示意图
701—信号电源正电的回路编号

根据图 6-5 分析得出，当断路器辅助触点的转换存在不到位的情况时，其动合与动断触点均不闭合，这时 HWJ、TWJ 均失电返回，跳合位继电器动断触点均闭合，发"控制回路断线"信号，断路器正常工作时，信号回路中总有一个动断触点是打开的，故不会误发信号，另外在信号中还串入合闸位置继电器的动合触点，防止在断路器停运控制回路直流熔断器取下时误发信号。

在断路器的实际运行中，由于种种原因难免出现拒动的现象，在发生拒动时，可能存在断路器拒动和保护出口拒动两种情况，下面讲如何通过现场试验确定故障可能发生的原因。断路器拒绝分闸时，调度人员应下令拉开两侧刀闸（之所以可以直接拉开隔离开关是因为该断路器拒动时，必然会越级跳开上级断路器切除故障，无任何电流），而不应该手动通过机械分闸按钮跳开断路器，以利事故调查。

继电保护人员可用如图 6-6 所示的方法，区分拒动原因存在的区域。

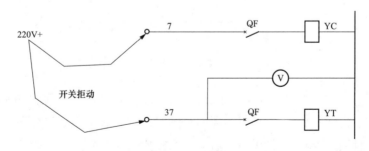

图 6-6 断路器拒动时查找示意图

断路器拒跳时，用 220V（＋）正电直接接通端子箱内回路编号为"37"的跳闸回路，并用并联电压表监视电压的变化。若这时未跳闸，则说明是断路器本身拒动，应从断路器内部二次回路及机械传动系统中查找事故原因；若断路器跳闸，则应属于保护装置由于某种原因未发出跳闸令，或跳闸令的传递环节中出现问题，如回路断线。若断路器拒合时，则用 220V(＋) 直接接通回路编号为"7"的合闸回路，判断方法同上。

三、35kV 户外型断路器简介

近年来，随着电力系统改造工作的进行，35kV 断路器广泛采用弹簧储能的 SF_6 断路器，在本讲中主要讲解其电气原理图，结合现场已经进行的技术分析，同时结合运行的具体情况，讲解该类型断路器在运行中应注意的问题。

1. 跳合闸及闭锁回路分析

在讲解跳合闸过程之前先讲解一下压力闭锁触点的工作原理及作用，如图 6-7 所示。

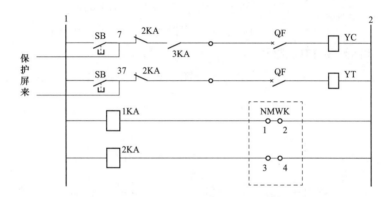

图 6-7　弹簧储能的 SF_6 断路器跳、合闸回路示意图

NMWK 为密度继电器，反应 SF_6 气体的压力，由于在断路器中，SF_6 气体的主要作用就是灭弧，当压力降低时，其灭弧能力严重下降，故而当压力稍微降低其 1-2 触点闭合，启动中间继电器 1KA 发 SF_6 压力异常告警信号；若压力严重下降，其触点 3-4 闭合，启动中间继电器 2KA，同时切断跳合闸回路，闭锁跳闸与合闸操作。另外在断路器的合闸回路中还受中间继电器 3KA 的闭锁，3KA 是反应弹簧储能情况的继电器，当储能完毕后，弹簧限位开关动合触点闭合，启动继电器 3KA，3KA 动合触点闭合，开放合闸回路，3KA 实现弹簧未储能时对合闸回路的闭锁（主要是因为合闸弹簧未储能情况下无法完成合闸操作，此时接通合闸回路只会造成合闸线圈的烧损）。

再对压力继电器 NMWK 的工作情况作简单的介绍，其额定运行压力为 0.35MPa，在额定压力下，两对触点都不会接通，当压力偏移＋/－0.005MPa 时，动合触点 1-2 接通，发出 SF_6 压力异常信号；当压力偏移＋/－0.1MPa 时，动合触点 3-4 接通，同时闭锁跳合闸回路，如图 6-8 所示。

在断路器操作中，就地可以通过 SB 实现断路器的分合，由保护屏操作回路来的跳合闸线分别接在回路编号为"37""7"的端子上。

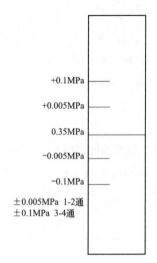

+0.1MPa

+0.005MPa

0.35MPa

-0.005MPa

-0.1MPa

±0.005MPa 1-2通
±0.1MPa 3-4通

图 6-8　压力继电器 NMWK
的工作情况示意图

保护装置的操作回路中有跳闸位置与合闸位置时，从设计要求上跳合位继电器应接至断路器辅助触点之前，而在该回路设计时并不设计单独的跳合位连线，而采用在保护屏处将跳合位的负端与回路"7""37"相连，这时位置继电器的动作情况将受压力接点的影响，而不仅仅是反应断路器的跳合状态。所以在正常运行时，由于压力的原因造成跳闸位置继电器、合闸位置继电器均返回，发"控制回路断线"信号，另一种情况是当断路器合闸后马上跳闸时，弹簧有一定的储能时间，即 3KM 的闭合有延时，故而造成跳位继电器延时动作，也会发上述信号，在运行中应注意。需要说明的，当继电保护装置相关逻辑中需要对跳闸位置进行判别的情况下，上述情况中 TWJ 的延时动作可能造成错误判断，所以必要时，TWJ 触点应采用断路器的动断辅助触点，这是逻辑判断中最直观有效的设计方案。

2. 弹簧储能回路的电气原理

下面介绍机构弹簧储能回路的电气原理图，如图 6-9 所示。

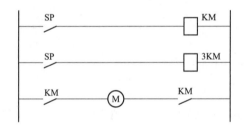

图 6-9　弹簧储能回路的电气原理图

断路器合闸后，合闸弹簧储能释放，微动开关 SP 的动断触点闭合，KM 继电器（当储能电动机功率较大时，一般选择 KM 为接触器）动作，其动合触点闭合启动直流储能电动机，开始储能。当储能完毕，弹簧处于拉伸状态，其端部将微动开关的动断触点打开，而将其动合触点闭合，这时 3KM 动作，解除对合闸回路的闭锁。

弹簧储能开关配置相关信号接于控制屏的光字（或接入变电站监控系统），或接入综合自动化微机保护的开入回路由保护装置发出遥信。主要信号包括：SF_6 压力异常报警、SF_6 压力闭锁、电动机运转或者为弹簧未储能（KM 动断触点）。

第二节　110kV 断路器与继电保护的配合

在这一节中，主要讲解两种在电网中广泛应用的断路器机构的二次回路原理及其在应用中应注意的问题。一种是典型的 110kV SF_6 断路器，另一种是过去电网中广泛应用的液压操动型断路器，作为知识点的补充。

一、SF₆ 断路器

以 SF_6 气体作为灭弧介质的新型断路器，由于其在运行维护方便、清洁无油等方面的独特优势，在电网中得到了越来越广泛的应用，不同电压等级、不同生产厂家的断路器操动机构，其电气二次回路图是不完全一样的，但其设计原则、设计的基本原理及动作流程是一致的。下面结合某 110kV 电压等级 SF_6 断路器的二次回路图讲解其动作行为及运行注意事项。

三相操作的 SF_6 断路器二次接线图如图 6-10 和图 6-11 所示。

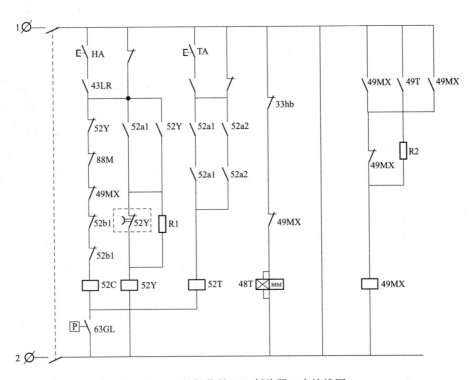

图 6-10　三相操作的 SF_6 断路器二次接线图一

1. 回路中的有关元件说明

（1）1、2 为断路器操作回路的正负电源，由保护屏（控制屏）的控制直流熔断器下端引出。

（2）43LR 为远方和就地操作切换开关，当 43LR 切换至远方时，其动断联动触点闭合，允许操作回路接收继电保护（继电保护及操作插件）发出来的跳、合闸命令，反之，当 43LR 切换至就地时，其动断联动触点断开，断开远方命令回路，接通就地的分、合闸回路，通过手合按钮 HA、跳闸按钮 TA 就地进行分、合操作。注意，当该把手切换至就地时，继电保护操作回路会发出"控制回路断线"信号。

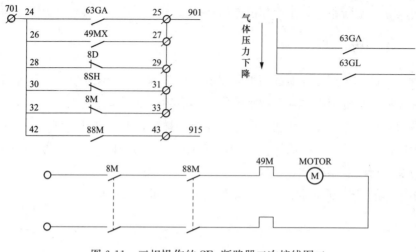

图 6-11　三相操作的 SF$_6$ 断路器二次接线图二

（3）88M 为电动机运转继电器，以动合触点发遥信至监控站点提供储能电动机的运行状态给运行值班人员。同时，其动断触点在合闸回路中串联，保证断路器在操作时机构必须在储能完成的条件下，即在电动机运转过程中，断路器是不能合闸的，满足断路器的运行要求。

（4）49M 为串联于电动机电源回路的热继电器，反应电动机本身故障或由于某种原因储能时间过长引起电动机长时运转的发热。

（5）49MX 为辅助中间继电器，反应电动机的异常（包括电动机过热，49M 动作；电动机运转时间过长，48T 延时触点闭合）满足任一个条件动作并进行自保持。

（6）48T 电动机超时运转，说明储压回路有异常，在允许的最长时间内储能仍未完成（注：48T 时间整定依据，按机构打压至运行值所需的最长时间整定，一般为 3min 左右）。

（7）52C 为合闸线圈。

（8）52T 为跳闸线圈。

（9）8M 为电动机电源开关。

（10）63GL 为 SF$_6$ 压力低闭锁触点，该继电器动作时，同时闭锁跳、合闸回路。

（11）52Y 为防跳继电器。

（12）33hb，储能限位触点，储能完成后打开，断路器储能释放后闭合，启动 88M 继电器，同时启动 48T 时间继电器，若打压过长使时间继电器动作后，49MX 动作，动断触点打开，闭锁合闸回路及打压回路。

2. 主要的操作回路简介

（1）压力闭锁回路。SF$_6$ 作为灭弧介质必须保证有足够的压力，否则在压力低的情况下进行断路器的跳、合操作时，由于电弧的燃弧时间过长，有可能造成断路器的爆炸，所以在跳合闸线圈的负电端串入压力闭锁接点 63GL，以避免上述情况的发生。注意，SF$_6$ 压力降低闭锁要同时闭锁跳闸及合闸回路，本断路器采用的是直接闭锁断路器操作回路负电源的方式。

（2）断路器的合闸回路（以远控方式为例），断路器在分闸位置，其动断辅助触点 52b1 闭合，另外储能完成且储能回路正常 88M、49MX 均闭合，防跳未启动 52Y 动断触点闭合，当合闸回路输入端子得到合闸命令时，通过上述各元件的动断辅助触点使合闸线圈 52C 受电动作，断路器合闸。

（3）断路器的跳闸回路。当跳闸回路输入端子得到跳闸命令，且由于断路器在合位，其动合辅助触点 52a1，52a2 均闭合，使跳闸线圈 52T 受电动作，断路器进行分闸操作。

（4）断路器的防跳回路。从断路器的二次电气原理图可知，在手动合闸或重合闸时，断路器完成合闸操作且动合辅助触点正确转换 52a1 闭合，但如果合闸命令持续不消失，这时启动 52Y 防跳继电器，从分析中可见，52Y 的动断触点延时打开确保 52Y 继电器可靠动作的（确保其在全电压下动作），另外 52Y 动断触点延时打开，投入 R1 电阻，若发生合闸命令不消失时，保证 52Y 继电器的热稳定性，同时保持 52Y 动作。52Y 的另外一对瞬时动作动断辅助触点在 52Y 继电器动作时快速断开，断开合闸回路，防止由于合闸命令不消失造成的断路器多次跳跃现象。若系统有故障，则只能进行一次跳闸操作，不会重合，闭锁断路器在跳闸位置。

（5）储能闭锁回路。当储能延时继电器 48T 或电动机回路热继电器 49M 动作后，启动辅助中间继电器 49MX，并通过自身的动合触点自保持，电阻 R2 的投入同样是为了保证 49MX 线圈的热稳定性，其动断辅助触点断开储能启动继电器的 88M 启动回路，停止电机运转。另外 49MX 动断辅助触点断开合闸回路，因为这时断路器不具备合闸的储能。

（6）储能启动回路。由储能限位触点 33hb 启动；储能完成后，33hb 自动断开，停止电动机运转。

（7）信号回路。在应用中将端子 25、27、29、31、33 并联，发"操动机构回路故障"信号（具体包括 SF_6 气体压力降低告警、电动机过热或打压超时等空气开关跳闸），43 端子发"电动机运转"信号。

二、液压操动型断路器

过去在电网中应用的 CY3（或 CY6）型操动机构断路器就属于液压操作的断路器，它是一种少油断路器，其储压内的储压介质为航空油，稍显红色。对其油路及机械系统我们不作详细介绍，重点介绍其与保护系统相配合的电气二次回路。

1. 跳合闸操作回路

相关的跳合闸操作回路，如图 6-12 所示。

其跳合闸操作回路的设计是比较简单的，其相应的跳合闸操作主要是在保护屏内的操作箱内实现，在下面的介绍中，还会提到。需要说明一点是，在机构二次出厂接线中，把 3SP（压力低闭锁合闸，限位接点）直接接于合闸回路的负电端，以起到闭锁合闸作用，但在实际运用中，一般在操作箱中实现合闸闭锁，故该接点应短接；且把 3SP 的一端移至端子排空端子上，以防止影响回路的正常运行，或造成直流回路接地。

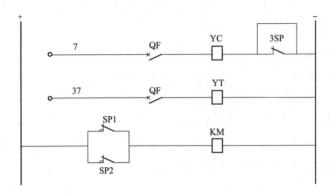

图 6-12　液压操动型断路器跳合闸操作回路示意图

2. 压力建立及压力监视有关回路

（1）与压力建立及压力监视有关回路如图 6-13 所示。

（2）打压启动回路。图 6-13 中是打压机构的一部分，中间滑杆位置的高低反应机构内压力的大小，向下运动时表明机构内压力在下降，反之，向上移动时，表明机构内压力的建立。与压力指示杆紧密结合的位置有 5 个微动开关，根据其不同的上下位置，对应于机构内不同的压力状况，且对应于断路器操作的压力要求值（如启动油泵压力，停止打压压力，闭锁重合闸压力，闭锁合闸压力，闭锁分闸压力），在断路器调试时，需要根据压力值调整微动开关的位置。打压启动回路如图 6-14 所示。

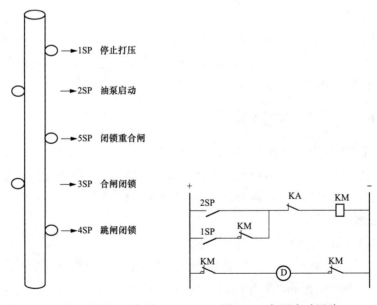

图 6-13　机构压力监视示意图　　　图 6-14　打压启动回路

当油压下降到使微动开关 2SP 闭合时，则直流接触器 KM 启动闭合电动机的电源回路，直流电动机 D 启动，进行储压工作。在打压回路中，通过 KM 的动合辅助触点与 1SP 触点的串联自保持，即只有压力建立使 1SP 打开时，才停止打压，打压启动压力值（由 2SP 的位置决定）低于压力恢复值（由 1SP 的位置决定），正是由于这种设置方式，即在打压启动触点和停止打压触点之间有一定的区域，可以防止油泵在临界值上的频繁启停。

3. 压力闭锁回路启动方式

压力闭锁可以有就地断路器控制回路闭锁方式（将闭锁触点直接接于断路器机构箱内的二次回路中），也可以在控制屏的操作箱中实现。另外，在操作箱中实现的方法还有正电启动或负电启动方式两种。两种启动方式的不同，使得压力闭锁重动中间继电器在操作回路中的应用也是不一样的。

（1）正电启动。图 6-15 为正电启动方式。5SP 为闭锁重合闸触点，动作后启动操作箱中的 2YJJ，然后再开入到微机保护的重合闸闭锁触点开入端，对重合闸进行放电。3SP 为合闸闭锁，启动操作箱中的合闸压力重动继电器（3YJJ 或 HYJ）；4SP 为分闸闭锁，启动操作箱中的分闸闭锁重动中间继电器（4YJJ 或 TYJ）。重动继电器的触点直接接于跳合闸回路，如图 6-16 为 110kV 及以下电压等级所用断路器操作插件，其中通过 HYJ、TYJ 重动并对回路进行闭锁的示意图。

压力过高、过低闭锁操作回路同时启动 HYJ、TYJ，对跳合操作均进行闭锁。

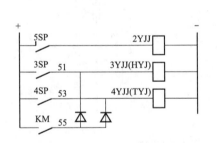

图 6-15 压力闭锁的启动回路
（正电启动）

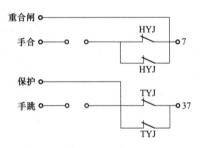

图 6-16 压力闭锁的重动示意图

（2）负电启动。图 6-17 为负电启动方式，这是在高压保护系统中使用南瑞公司 CZX 系列、北京四方公司 JFZ 型操作箱时广泛采用的方式。工作原理与前述基本相同，只是重动中间继电器的动作与返回状态正好与正电启动方式相反，当压力正常时，3SP、4SP、5SP 均打开，继电器励磁使相应的回路接通，当压力下降到某一闭锁值时，相应的微动开关闭合使操作箱中重动继电器失磁，对相应回路的操作予以闭锁。

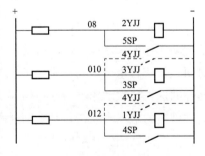

图 6-17 压力闭锁的启动回路
（负电启动）

4. 注意事项

压力异常时，应将断路器转入代路状态，并且进行及时处理，否则当本线路发生故障时，会使断路器因拒绝跳闸而造成保护越级动作。

各限位开关的位置调整必须合适，确保断路器的一个工作循环（分—合—分，对应于保护跳闸—重合闸—后加速跳闸）的正常完成，否则，若位置不合适，过早地闭锁重合闸，造成断路器拒合的现象；或者过早的闭锁跳闸，使断路器重合于永久故障拒绝跳闸。

第三节　断路器的防跳功能

一、防跳作用

防跳作为断路器操作回路中的重要组成部分对断路器的正常及故障情况下的正确操作有重要的作用，它可以有效的防止手合于永久性故障造成断路器的多次跳合（由于手把不能及时的松开或手动合闸触点黏连），同时对重合于永久故障但合闸继电器触点黏连造成的断路器多次跳合现象也有相同的防止作用。本节通过如图 6-18 所示的原理接线图，分析防跳回路的动作过程及作用。

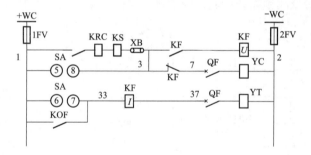

图 6-18　操作箱防跳功能示意图

二、对防跳回路的要求

首先要求防跳继电器动作时间应与断路器动作时间配合，防跳继电器 TBJ 有足够快的动作速度，才能确保防跳功能的可靠实现。若手合于永久性故障而手合脉冲持续时间太长或者重合闸动作重合于永久性故障而重合命令触点又发生黏连时，此时故障元件的保护再次动作，使断路器再次跳闸，同时防跳继电器启动，其动合触点闭合并通过黏连的触点自保持，其动断触点断开，切断合闸回路，从而防止断路器的多次跳合。使断路器闭锁在跳闸位置。

目前，SF$_6$ 断路器广泛投入到系统中，SF$_6$ 断路器断口开距小，主触头行程小，相对应二次辅助触点行程小，有可能造成断路器在跳闸时，辅助触点转换时间小于

TBJ 的可靠动作时间，随之 TBJ 的电压线圈就无法自保持，造成防跳失败。

三、防跳回路正确的试验方法

在现场传动试验中，要采取适当的方法模拟上述需要防跳功能发挥作用的情况，检验防跳回路的正确性。其方法如下：

（1）模拟手合或重合闸触点黏连，用短线先短接合闸回路（正电对回路编号为"3"的端子），使断路器合闸，并保持上述的短接回路；在有控制屏手把的变电站，也可将手把拧向合闸位置并保持来模拟（注意，应该在五防解锁状态，否则不会得到保持正电源）。

（2）模拟跳闸。短接跳闸回路并保持，此时断路器只进行一次跳闸，而不会发生再次合闸的情况。

（3）断开合闸回路的短线。

（4）断开跳闸回路的短线。

为了有效地检验防跳继电器的动作时间与断路器动作时间的配合关系，目前采用下述防跳传动方法：

（1）断路器在分闸状态下，短接手合与手分触点。

（2）用短线将控制正电短接上述短接的触点，此时断路器合闸，又瞬时分闸，断路器应无跳跃，最终断路器处在分闸位置。

（3）断开上述临时接线。

上述试验方法，有效地模拟了手合于故障情况下合闸回路黏连的情况，同时又对防跳继电器的动作时间与断路器的动作时间之间的配合关系进行了有效的检验。

四、防跳失败的原因

如果防跳失败，一般应该从以下几个方面来分析其中的原因：

（1）防跳继电器 TBJ 的启动电流是否满足灵敏性的要求，这时应该测量回路的总电阻，求出回路的电流与 TBJ 的额定电流相比较，要求 TBJ 的启动电流有大于 2 倍的灵敏度。

（2）检查防跳继电器 TBJ 电压线圈与电流线圈极性是否相同，否则会出现不能保持的现象。

在断路器更换后，应该测量跳闸线圈的直流电阻，以便得到跳闸回路的电流，检查防跳继电器的灵敏度；同时，测量合闸线圈的直流电阻，以检查合闸保持继电器的动作和保持灵敏度。

以上分析了关于断路器防跳的基本问题，对于分相操作的断路器传动方法是基本相同的，只是需要分别传动每一相的防跳功能，而对于有双跳闸线圈的断路器，还应该分别传动两个跳闸回路分别启动的防跳继电器的情况。

第七章　　电流互感器

　　电流互感器的基本工作原理在前面的内容中提到过，在这一章的学习中主要针对高压系统中电流互感器的不同结构及使用中应注意的问题予以讲解，其中包括电流互感器变比与一次连接方式及二次抽头的关系、各二次线圈的分配原则等内容。

第一节　电流互感器的极性

　　在 110kV 及以上的高压电力系统中，由于各类设备保护功能为了保证动作的选择性，均配置相应的方向性保护，如距离保护、方向过电流保护、零序功率方向保护等，这时确定电流互感器一、二次绕组的相对极性是至关重要的，在现场的应用中，常采用电流互感器 L1 置于母线侧且为极性端，则二次绕组的 S1 端为同极性端，符合"一次电流流入，二次电流流出"的减极性原则，如应用于 RCS-941A 保护中，以各相二次绕组的 S1 端引入，则为正极性端进入保护装置（当然，在现场应用中，有时将电流互感器的一次侧 L2 端子置于母线侧，则二次绕组从 S2 引出，同样符合"减极性"使用原则，按照继电保护反事故措施的要求，电流互感器的 L1 端一般应置于母线侧，因为该侧有防止过电压击穿的小瓷套）。

第二节　电流互感器的变比

　　图 7-1 是高压系统中使用的电流互感器的外形图及内部原理接线图。

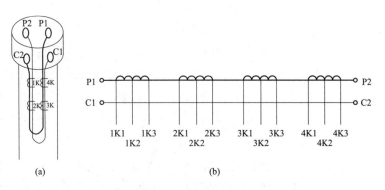

图 7-1　电流互感器的外形图及内部原理接线图

(a) 外形图；(b) 内部原理接线图

　　在电流互感器的顶部端盖上有 P1、P2、C1、C2 四个端子，与原理图中的四个端子对应。这四个端子用以改变电流互感器一次绕组的连接方式，如图 7-1 所示。当 P1 与 C1 连接，P2 与 C2 连接，即将一次两导体并联，这时一次绕组匝数为 1 匝；而当 C1、C2 连接时，相当于将一次绕组两导体串联，这时一次绕组的匝数为 2 匝，可见，对于相同的二次绕组抽头（即二次绕组的匝数一定时），一次并联时的变比是一次串联时变比的 2 倍。

另外，二次绕组也是有三个抽头的，其中 S2 一般为一个二次绕组的中间点，这样通过二次绕组选用不同的抽头也可以得到两种不同的变比。若一次侧连接方式固定，则二次使用 K1～K3 时的变比是使用 K1～K2 时变比的 2 倍。

综合一次、二次绕组不同的连接方式和电流引出方式，电流互感器的一、二次电流可以有四种不同的变比关系。

第三节　电流互感器的准确度极别、特性及其适用范围

110kV 系统线路使用的电流互感器一般有四组二次绕组，其中 1S、2S、3S 为 P 级或 3 级，为供给保护用 TA，其伏安特性曲线比较高，满足在故障时大电流范围的测量精度；4S 为 0.5 级或 0.2 级，供给仪表使用，其伏安特性相对较低，只要求在额定电流范围内的测量精度。

第四节　电流互感器的配合应用与保护范围的关系

图 7-2 是一条 110kV 线路电流互感器内部接线示意图。其中 P1 接于母线侧，P2 为线路侧，在使用中有如下要求：

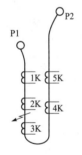

图 7-2　电流互感器内部接线示意图

（1）线路保护用电流互感器必须使用靠近母线的一组二次线圈 1K，以使线路保护有最大的保护范围，即使在互感器内部短路时，仍属于线路保护的动作范围。若线路保护接于 5K，线路保护在图中标明故障点短路时将不会动作。

（2）在系统配置母差保护时，应尽量接于离母线最远的一组保护用二次线圈上，如 5K。使得线路保护和母差保护范围有交叉的部分，以防止保护死区的出现。若线路保护用 5K，母差保护用 1K，则在电流互感器内部 1K 与 5K 之间故障时，线路保护和母差保护均不会动作。

（3）根据继电保护反事故措施及设计规程的要求，在电磁式电流互感器中，由于其一次绕组为"U 型"布置方式，所以母线差动保护范围尽量不要包含 3K 和 4K 之间的区域（因为一次部分位于电流互感器套管内部的底部，容易积水造成故障，这时会造成母线差动保护与线路保护同时动作，产生停电范围过大的后果）。若母差保护用 3K，则在上述区域发生故障时，仅线路保护动作切除故障即可。

第五节　电流互感器二次接线

常见的电流互感器二次绕组引出端子如图 7-3 所示。

1K1、1K2、1K3 对应一个二次绕组的二次抽头，选择合适的使用变比引至断路

器端子箱。

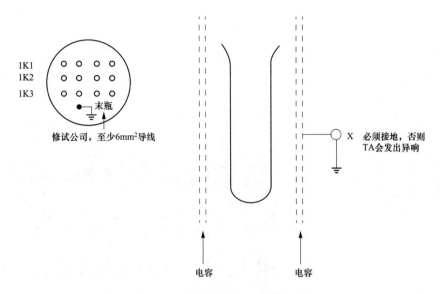

图 7-3　电流互感器二次接线示意图

　　另外在图 7-3 的端子盘上有一个被称之为"末瓶"的大端子，需用大于 6mm² 导线接地，否则在正常运行时，电流互感器会发出异响。

第八章 电压互感器

电压互感器在电力系统中是一次设备与二次设备结合的重要部件。它是将一次系统的高电压转换成适应保护系统使用的低电压，同样它能成比例的反应一次系统中电压的变化（升高、降低及发生波形畸变等），在电力系统的保护和测控系统等需要反应电压的装置和回路中，都要接入电压互感器的二次电压。

在保护系统中用到需要接入二次电压的功能或装置是比较多的，有直接反应电压高低的过电压保护或低电压保护，判断距离的阻抗保护，判断方向的各种功率方向元件等，在电压互感器故障或发生异常时，这些保护将受到很大的影响，强制退出运行，甚至造成保护的误动作或拒绝动作，所以在实际运行中正确的掌握电压互感器的运行及维护要领是至关重要的，是保证继电保护装置及测量系统正确运行的关键。

第一节 电压互感器的基本原理

电压互感器按照电磁感应原理，把一次高电压变换成适合保护及测量系统要求的低电压，要求其能正确反应一次电压的变化状况（过电压时电压升高，发生短路故障时电压降低及其他异常状态）。

一、电压互感器的工作原理及注意事项

电压互感器的工作依据是电磁感应原理，匝数不同的两个线圈绕制在同一个铁芯上，并且一次线圈匝数多，二次线圈匝数少，根据电磁感应原理，其一、二次匝数之比即为两侧电压之比，可以实现将一次高电压成比例的变换为适应二次系统使用的低电压（100V、57.7V 额定值）。在故障状态下，同样能正确反应一次系统电压的变化，保证各种保护功能的正确判断。

由电压互感器的等值电路可以发现，由于励磁阻抗和一次、二次漏抗的存在，使一次与二次电压的大小并不成比例，相角也有一定的偏差，这就是通常所说的电压互感器的变比误差和角度误差。该误差的大小不仅与前述提到的两个参数有关，还与电压互感器的负荷性质有关。

电压互感器对于二次系统来讲，可以认为是一个恒压源，只与一次电压有关而不受其二次负荷的影响（实际有一定的影响），故要求其二次不能发生短路，否则会产生很大的短路电流，烧毁电压互感器，所以一般在其二次回路的出口处设置合理的熔断器开关，防止上述情况的发生（在电压互感器二次侧开口三角接线回路中，不接入自动分断的空气开关或熔断器，主要是因为该回路正常无电压输出，不易监视自动分断设备是否合闸良好）。

二、电压互感器的基本类型

电压互感器根据不同的应用场合有不同的类型，在高压系统中多用分相式的柱式互感器；在小电流接地系统（如 10kV）中，多用三相五柱式互感器。在分相柱式电

压互感器中，有两种不同的形式，即电磁式电压互感器和电容分压式电压互感器。

1. 电磁式电压互感器

图 8-1 是电磁式电压互感器的接线示意图。其一次侧接于单相母线（或线路，接于线路侧的电压互感器称为线路 TV）与大地之间，反应单相电压，至少配置两个二次绕组，其中 a1、x1 是供保护使用，一般采用星形接法，既可以反应单相电压也可反应相间电压。变比满足当一次电压为额定电压，二次电压为 $100/\sqrt{3}=57.7V$。

ad、xd 同样供保护使用，各相绕组首尾相连接成开口三角形，反应系统发生接地短路时出现的零序电压，构成反应零序电压、零序功率方向动作的各种保护（在微机保护中，现在广泛采用的趋势是利用由星型接线的电压互感器通过程序计算自产零序电压作为方向判别元件的输入量，可以有效的防

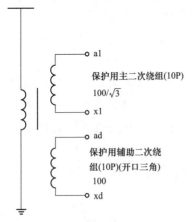

图 8-1 电磁式电压互感器接线示意图

止由于开口三角绕组电压极性错误造成的拒动或误动，因为开口三角接线绕组正常运行无电压输出，不易判断其极性是否正确；另外，微机保护中，有的装置其零序方向保护仍然经外接零序电压进行数值上的闭锁）。变比满足当一次电压为额定电压，二次电压为 100V（在大电流接地系统中）。在正常运行中由于是三相的绕组共同构成三角形接线，所以仅有较小的不平衡电压，在定值整定计算中应进行相应的考虑，$3U_0$ 定值应躲过正常运行情况下的最大不平衡电压。

2. 电容分压式电压互感器

从图 8-2 中可以看出，电容分压式电压互感器的工作原理分为两个部分，一是按

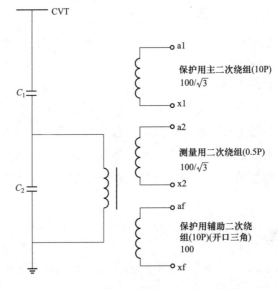

图 8-2 电容分压式电压互感器示意图

照电容的分压比实现的降压部分，另外就是与传统的电磁式电压互感器工作原理相似的部分，即按照电磁感应原理工作。首先分析电容分压的部分，利用电工基础的知识可知，对于串联的电容其分压的大小与本身的电容量成反比。若电容 C_1、C_2 串联接于电压 U 下，则电容 C_1 的电压为 $U_1 = U \times C_2/(C_1 + C_2)$，电容 C_2 的电压为 $U_2 = U \times C_1/(C_1 + C_2)$。二次绕组有三个，a1、x1 供保护装置使用（10P，保护级）；a2、x2 供测量使用（0.5 级），af、xf 供保护使用，接成开口三角形，反应零序电压。

在实际使用中，为补偿二次电压与一次电压之间的相位移，在电磁感应变压器的一次绕组中串联补偿电抗器，补偿电容的移相作用；另外在开口三角绕组的二次侧并联一个合适的电阻负载，主要目的是发生铁磁谐振时作为阻尼电阻起到消谐作用。

根据以上两种不同的接线方式和工作原理，在运维工作中需要注意的问题也有所不同，在电磁感应型电压互感器进行预试时，继电保护人员应配合工作拆开二次电缆，防止反送电。在配合工作中，要求继电保护人员拆除电压互感器端子盒内部接线后一定要标注清楚，以防止由于恢复接线错误而造成保护不正确动作（若接反，当发生反方向故障时，由于 $3U_0$ 极性的接反，会造成零序功率方向保护误动作），另外在开口三角绕组有一相接反时，在正常运行情况下，会产生约 200V 的电压，并形成环流，造成 TV 烧毁或绝缘监察继电器烧坏。

三、电压互感器的基本接线方式

在该部分中，主要讲解电压互感器的一、二次的三相绕组之间的接线方式，明确星形接线与开口三角接线的构成方式，以及一次及二次侧接地的原则和方式，上述提及各项内容的正确性是确保保护尽量少受干扰、正确工作的重要保证。

如图 8-3 所示，电压互感器的一次侧同极性端接于母线侧，低压侧接于大地。

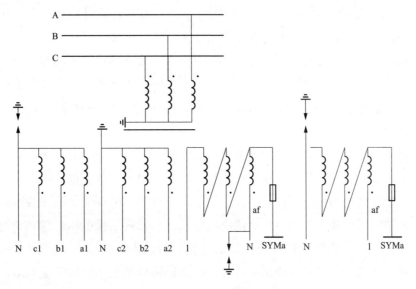

图 8-3　电压互感器接线示意图

a1、b1、c1 为各相 TV 的第一组二次绕组，构成星形联结，供继电保护回路使用。根据继电保护反事故措施要求，保护用电压互感器的 N 线在控制室一点接地，即 TV 均在进控制室的第一个屏位处接地，且要求同一电压等级的两组电压互感器的 N 线在同一地点接地。

当两组 TV 有不同的两个接地点会造成 TV 中性点电位不同，可能引起保护误动作。为防止高压引入二次系统，对保护用电压互感器的二次中性点在端子箱处经氧化锌避雷器接地，氧化锌避雷器击穿电压的选择按照 $30I_{max}$ 执行。

a2、b2、c2 为测量用电压互感器，其中性点接线原则同保护用电压互感器。另外，在现场中也可以采用就地直接接地的方式。

开口三角形接线回路有图 8-3 中所示的两种接线方式，绘制在一起只是为了方便比较，在实际应用中根据不同的情况只选择其中的一种，目前多数选用 A 相首抽头为 L 的接线方式。开口三角形 N 线及接地的方式与星型接线绕组及回路完全相同。需要说明的，星型绕组的 N 线与开口三角绕组的 N 线必须独立，分别引入到控制室，并在同一地点接地。

四、电压互感器二次电缆的配置

关于电压互感器二次电缆的配置，根据在运行中发现的种种问题，以及不断积累经验的基础上，继电保护反事故措施中给出了明确的规定。

要求保护用电压互感器和仪表用电压互感器绕组的二次电缆必须分开，每一个绕组单独用一根电缆，主要是为了减少不同回路之间的干扰，因为其可能造成继电保护装置的误动作或测量装置测量不准确。

继电保护用开口三角接线的引入电缆也采用单独的电缆，实现开口三角接线绕组的 N 线与星形接线的 N 线分开，若两者公用 N 线，由于公共回路的干扰，当 N 线上有干扰电流流过时，在开口三角回路中形成很大的干扰，加上开口三角正常是没有电压的，所以保护的灵敏度设置都比较高，极易受到干扰造成保护误动或拒动。更为严重的是，当公用的 N 线上有位移电压的情况下，当保护装置采用自产 $3U_0$ 进行方向判别时，可能会造成自产 $3U_0$ 计算方向结果错误，造成区内正方向故障拒动、反方向误动的严重后果。

对于计量用电压互感器，则对其电压回路的精度提出了更高的要求，功率的计量和电压的大小成正比例，因此要求电压互感器的二次电压应能正确反应一次电压的情况，而实际回路中，由于电压回路电流的存在，不可避免的在电压的连接回路中产生相应压降，使加于电能表的电压反应的一次电压小于实际运行电压，造成计量电能亏损。为了防止类似的情况发生，一般采用截面较大的电缆，如采用 $4mm^2$ 的电缆芯线，交流电流回路接线采用三相六线制。另外，适当提高电能表用电压互感器出口电压以补偿连接回路上的压降。

第二节　电压互感器极性判定

对于电容式电压互感器，在现场工作中一般在投运前不进行极性判断工作，只是根据产品标示说明进行相应的接线，在互感器投入运行后，应用在系统中已正确运行的电压互感器作参照，进行向量正确性判断。由于电容式分压器接线方式中电压互感器特殊的接线方式，在实际工作中要找到相应的测试点比较复杂，需要多个专业的配合，另外在实践经验中，电压互感器极性接反的可能性极小。

当需要对电压互感器的极性进行正确性判断时，则与电流互感器极性的判定方法相反，对于电流互感器，测试方式是从一次绕组输入一个电流的突变化，在电流互感器的二次绕组测量相应的变化量方向，进而确定相对极性关系；而电压互感器则应在其二次绕组给出一个电压变化（直流电源通断的方法），在其一次绕组侧测量变化量的相对变化方向，确定一次、二次绕组的极性是否符合预期的规定，如图8-4所示。

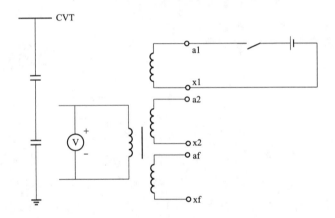

图8-4　电压感器极性判别示意图

在10kV系统中，现在仍多采用电磁式电压互感器，即"羊角"型TV，这种类型的电压互感器仍然需要进行极性测量，防止由于极性接错造成保护不正确动作或影响正确测量。

第三节　电压互感器二次回路

一、电压互感器二次回路实例

图8-5是实际设备接线中电压回路的一部分，图中完全按照现场的实际情况标注出从电压互感器二次绕组开始到控制室电压小母线的全部电压回路连接情况及回路编号的配置。图中A630、B630、C630、L630、N600为保护装置用的电压回路，A650、B650、C650为测量回路用的电压回路接线。从该图中可以对照前一部分所讲的内容，

进一步了解电压回路中的反措要求。

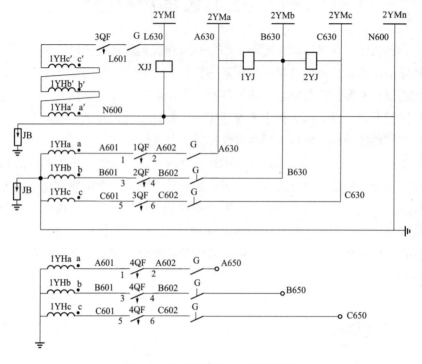

图 8-5   电压互感器二次回路示例

需要说明的是，在电压二次回路中接入自动空气开关，其目的是当二次电压回路中发生短路或接地故障时自动断开，保证设备不受损害。在实际应用中，开口三角回路也可以增加空气开关（当开口三角二次回路短路时，可以自动跳闸），但此回路 TV 空开必须有跳闸时发信号的辅助措施，如图 8-5 中所示，开口三角二次回路与保护用星型接线绕组的 C 相公用一个双极自动空气开关，可以通过 C 相电压的监视反应零序电压回路的完整性。在回路中串入 TV 隔离开关的动合辅助触点，主要是防止电压互感器在检验中可能发生的二次侧向一次系统反送电，避免人员伤亡或设备损坏。

另外，在室内电压接口屏一点接地的电压互感器二次线圈，其在端子箱内每一个独立的二次绕组的 N 线都必须有独立的避雷器接地。如图 8-5 中保护用的 A630、B630、C630 的 N 线与开口三角的 N 线，就必须经各自独立的避雷器接线，严禁共用。

二、电压二次回路断线的防止及自动空气开关的接线方式

为提高保护动作的灵敏度，保证保护的配合性，在高压电力系统保护中多采用方向性保护，即需要比较相应电流与电压之间的相位关系，所以在正常运行及发生故障时必须保证电压回路的正确和完整性。若电压回路发生了不同情况的断线，必须在回路上或保护原理上采取相应的措施及时发现并对保护装置进行必要的闭锁，防止造成

保护的不正确动作。在传统保护和微机保护中采取的方法有较大的不同之处，本节内容将分别进行讲解，值得肯定的一点是，由于微机保护程序判定功能的灵活与强大，使得电压回路断线的判定更准确、更有效，对保护功能的闭锁更可靠。

1. 防止 TV 断线保护误动硬件措施

整流型或晶体管保护中，为了防止在电压回路空气开关三相断开时，使用磁平衡继电器构成的断线闭锁继电器（比较三相电压求和的零序电压与开口三角接线的端口零序电压）不能正确反应的弊端，而采取了在其中的 C 相自动空气开关触点（或熔断器）两端并联一小电容，如图 8-6 所示，当由于某种原因，发生 TV 三相断线（空气开关三相跳开）时，由于 C 相电压通过并联电容接于磁比较式继电器，而开口三角端口无电压，断线闭锁继电器能可靠动作。尽管该回路的作用相当重要，但由于在校验中不能给予较高的重视，使得当电压二次真正发生三相断线时，不能保证断线闭锁继电器的正确动作。因此在校验中应注意这一点。

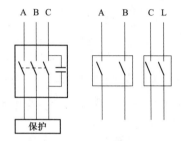

图 8-6 整流型或晶体管保护 TV 断线报警接线示意图

在电网实际应用中，研究采用如图 8-6 右侧所示的接线方式，A、B 相电压采用单极的自动空气开关，而 C、L 共用一个两极开关。之所以 A、B 相采用两个单极自动空气开关，主要是考虑在实际工作中，由于误碰或误接地造成三相二次电压回路同时故障的概率极少，但发生一相或两相断开的情况时，使得 TV 断线闭锁可靠动作并闭锁可能会误动的保护。另外，L、C 采用一个双极的开关，主要是为了监视零序电压回路的完整性，因为正常运行情况下，开口三角只输出很小的不平衡电压，当开口三角回路中的自动空气开关由于某种原因断开时，不能及时发现，当遇到系统发生故障时，自产 $3U_0$ 有零序电压输出，而开口三角电压为零，判定为 TV 断线，造成保护拒绝动作。采用 L、C 共用双极开关，当 L 断开时，同时 C 相电压也断线，保证 TV 断线检测功能可靠动作，能够及时发现，保证该回路的完整性，同时也可有效地防止运行人员在操作时未正确合入开口三角电压回路空气开关。

对于中性线 N（包括星型接线绕组 N 线和开口三角接线绕组的 N 线）从开关场端子箱到控制室之间不应经过任何断点和转接环节，两端均直接接于相应的端子排上。

在前面的讲解中，提及电压互感器的保护用二次 N 线在控制室一点接地，与之相应的其二次 N 线在电压互感器端子箱处经氧化锌避雷器接地，防止由于电压互感器一次、二次绝缘损坏，将高压引入控制室，这时氧化锌避雷器在高电压下击穿，自动在就地产生一个接地点。

电压互感器二次接线回路监视。为了确保电压互感器的正确工作，在其二次回路中同样设置了简单的监视回路，如图 8-7 中的 1KS、2KS、1KV。

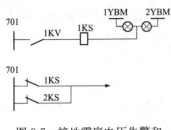

图 8-7 接地零序电压告警和
母线电压异常告警

其中 1KV 接于开口三角回路，在小接地网络中作为接地监视使用，其作用是当小接地系统中发生接地故障时，及时发出系统接地信号，因为在该情况下不构成短路回路（只有一定的系统电容电流），故不需要立即进行跳闸操作，而是允许继续运行 1~2h，值班人员在此时间内进行相应的一次系统接地点查找工作。

下面介绍具体的二次回路接线及回路中各参数的选择。

对于电磁型保护，接地监视动作过程如下，正常情况下 1YBM、2YBM 带负电，当系统中发生单相接地故障时，开口三角形接线有零序电压输出，绝缘监察继电器 1KV 动作，启动电流型信号继电器 1KS，并使光字亮，发"母线接地"信号。

参数选择如下：

（1）1KV 的定值一般为 27~30V，在电网系统发生单相接地时有足够的灵敏度，在小接地系统中，根据电压互感器的变比选择，当发生单相接地故障时，开口三角输出的电压为 100V。

（2）信号继电器 1KS 的选择。由于 1KS 为电流型信号继电器，要求流过其电流必须大于信号继电器的额定电流，并保证有 1.5 倍的灵敏度。

在控制屏信号指示的光字牌配置中，双灯均选用 8W 的灯泡，1KS 一般选用 0.25A 的信号继电器即可保证灵敏、可靠动作。在控制屏智能光字牌中多为节能型指示灯，回路电流只有 15mA（现场试验值），故原回路中的信号继电器不能可靠动作，应更换相应规格的信号继电器。

在无人值班站中，当信号指示回路为电磁型继电器时，由于保护系统要求不仅要发出光字信号，还要发远传信号到监控系统，故而必须保证 1KS 继电器的可靠动作。一般选择 0.015A 标准的信号继电器。

（3）1KV、2KV 分别接于相间电压 U_{AB}、U_{BC}，监视相间电压的正常工作。1KV、2KV 的定值一般为 70%U_e，即 70V（正常运行时，二次相间电压的额定值为 100V）。在这里分析 TV 回路一相断线时的情况，当电压母线只接有三角形负载时情况比较简单，如图 8-8 的分析。至于当电压母线同时接有星形接法负载时，其各母线对地的电压分析比较复杂。

例如 TV 由端子箱至保护室的引入线发生 C 相断线，由于 A、B 两相电压完整使得 1KV 仍然承受 100V 全电压。

从图 8-8 中不难看出在上述情况下，2KV、3KV 通过 1YMC 串联，接于 U_{AB} 之间，若假设 1KV、2KV 阻抗相等，则各分别承担 U_{AB} 电压的一半 50V。故而当发生任何相断线时，总有一个电压继电器能够正确动作，发出电压回路断线信号。

对于 110kV 及以上电压等级的大接地电力系统，其电压互感器的二次接线回路与上述配置类似，只是取消了接地监视继电器。

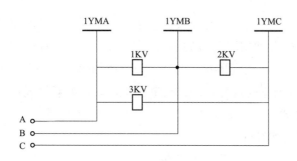

图 8-8　TV 一相断线时示意图

2. 电压互感器不同二次绕组的负荷分配

在电压互感器现场接线中，其二次绕组的设置原则为两组接成星形接线方式，取得相应的相电压和相间电压，分别称为主二次绕组和辅助二次绕组，另外有一绕组构成开口三角形接线，获得系统故障时的零序电压。在二次系统中，保护、自动装置、测量、计量等功能元件均需要测量二次系统的电压，故而就引出互感器的负荷分配方法，只有合理、正确的分配负荷，才能保证保护的正确动作不受其他回路、其他专业人员工作的干扰，才能保证测量及计量回路工作的精度。

在电网中，推荐使用如下几种电压互感器二次负荷分配方式，各种方式均有相应的优点、缺点和适用范围：

（1）对于 35、10kV 的低压供电网络，其电压互感器二次的星形接线绕组只要一个，即在保护室内只有一组二次电压小母线，将需要引入二次电压的装置均布置于同一母线上，如保护系统、测量系统、远动系统公用一组二次电压，如图 8-9 所示，这种接线方式的优点是二次电压系统配置较简单，缺点是多组负载接于同一个电压互感器的二次绕组，负担增大，影响测量的精度，特别是对于计量回路的影响更为严重，使电能计量误差增大。另外，多专业共用一组 TV 电压，在其他专业工作过程中，可能影响保护装置的正确动作，给电力系统造成不必要的损失。

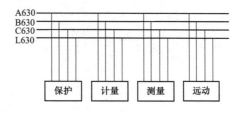

图 8-9　电压互感器负载示意图

（2）将计量装置单独接于一组电压互感器的二次绕组，其优点是计量电压回路负担减少，计量精度和准确度大为提高。

（3）保护系统单独使用一组二次绕组，计量、测量、远动系统公用一组二次绕组（A650、B650、C650、L650），其优点显而易见，减少了保护用电压回路被干扰或人为误碰的可能，有效地防止了其他工作人员误将 TV 电压短接到 TA 回路而造成的保护误动作（变压器复压闭锁过电流会误动，这时满足复压和过电流同时动作的条件）。另外一个优点是：减少保护用电压互感器二次绕组的负担，防止二次干扰造成的误动。

通过上述的介绍，在现场维护工作中对于不同的装置应接于不同的二次电压回路，特别对于保护装置应选用专用的二次电压小母线，如双母线运行系统中回路编号为 A630（640）、B630（640）、C630（640）、L630（640）等。

3. 电压互感器二次并列

电压互感器的二次并列问题，在分段母线、双母线一次电网接线方式下需要进行考虑。在电力系统的某些特殊运行方式下，需要将两段母线上电压互感器的二次绕组对应回路并联运行，称之为电压互感器二次并列，即 TV 并列。如双母线运行系统中，其中一组母线电压互感器需要进行停电检修，这时不能将使用该组母线电压互感器二次电压的保护装置退出运行，采取的措施是将双母线的母联断路器合上，使两组母线处于同一电压水平，这时通过电压并列回路的相应操作，将非检修母线电压互感器二次电压与待检修电压互感器二次电压回路并联，然后可以将检修电压互感器停用。

从上面的描述中，可以得出这样一个结论：电压互感器二次并列回路设计需遵循"一次系统并列后才允许二次电压回路并列"的原则。

（1）110kV 变电站有 110、35、10kV 三个电压等级的双母线（包括单母线分段）系统，其各电压等级母联（或分段）断路器及相应 TV 并列回路如图 8-10 所示。

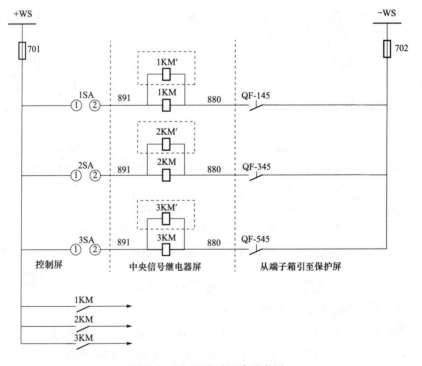

图 8-10　电压并列回路示意图

其中：1SA、2SA、3SA 为 TV 二次并列手把，1KM、2KM、3KM 为保护用 TV 并列中间继电器；1KM′、2KM′、3KM′为电能表专用电压中间继电器（装于电能表专用电压切换屏上）。

从原理图中可以清楚地看出如下几个方面的内容：

1）电压互感器二次并列的条件是：一次系统先并列，二次才允许并列。因为只有一次系统中的两组母线通过母联或分段断路器并列运行后，使其一、二次压差才能近于零，且各相电压对应相角差接近于零，此时进行二次并列在两组电压互感器的二次系统中不会产生较大环流，不致损坏电压互感器。反之，当两组一次母线系统分段运行时，由于其上级电源、负荷性质（是否有容性、感性负荷）、负荷大小等因素的影响，使两组母线的一、二次电压之间产生一定的压差，在 TV 并列时将产生严重的后果。

2）为确保上述原则，二次回路设计措施是在相应电压等级的电压并列回路中串入该电压等级的母联断路器（或分段断路器）的动合辅助触点。

3）在并列操作中，若合入 1SA 时，相应的 TV 并列继电器不启动，这时应对如图 8-10 所示回路予以查找分析，特别应注意断路器的辅助触点是否接触良好。

（2）在 220kV 变电站，对于 220kV 侧的电压互感器回路设计的基本原则和基本原理与 110kV 电压二次并列是一致的，只不过针对 220kV 断路器可以分相操作的可能性，在回路中予以相应的处理，如图 8-11 所示。

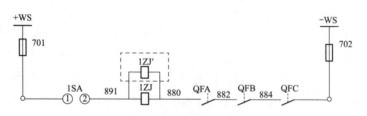

图 8-11 220kV 分相操作断路器 TV 并列接入时的回路接线

其中，并列回路负电源开放回路为三相断路器动合辅助触点的串联，只有母联断路器三相均正确合入后才允许 TV 二次并列，满足"一次正确并列之后，二次电压回路才允许并列"要求。

在较长一段时间内，TV 二次并列负电开放回路中还要再串入母联（或分段）断路器的两侧隔离开关 4G、5G 的动合辅助触点，如图 8-12 所示。现场运行发现，由于增加了隔离开关 4G、5G 触点，从而增加了 TV 并列不成功的概率。另外在隔离开关的机构辅助接线箱处特别容易发生直流接地，不利于保护系统的正确运行。故而在标准化二次回路设计中取消了隔离开关辅助触点的联锁环节。

通过对电压互感器二次并列回路的学习，目的是要求继电保护专业人员了解在什么情况下需要进行二次并列以及二次并列遵循的操作条件。另外要逐步培养处理现场实际问题的能力。

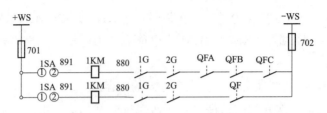

图 8-12　考虑分段或母联隔离开关的 TV 并列回路

4. 电压切换回路

从电力系统一次接线的选择角度出发，为了保证电力系统供电的可靠性，我们在 110kV 及以上系统以及主要的 35kV 枢纽变电站中采用双母线运行方式。根据运行方式的需要，任一元件均可方便地在任一组母线上运行，并且这种元件的"倒闸"操作不会引起受电元件的失电。

二次保护系统作为一次设备的运行状态监视及异常、故障状态下的处理系统，为了保证其动作行为的执行依据能够切实地反应电气设备一次参数的变化，如被保护元件电流的增大与所接母线电压的降低等。这就要求保护系统选取的电压应根据一次系统方式的变化而自动切换选择，这就引出了电压切换回路的设计。

切实可行的方法就是用母线隔离开关动合辅触点启动相应的电压切换继电器，因为隔离开关的位置最直接地反应了被保护设备接于哪组母线运行。

规程中对电压切换回路的设计运行及维护都有一定的要求，下面将根据具体的应用实例予以介绍。

图 8-13 为传统的电压切换原理图，在该回路中设置有电压切换小母线，如 1YQM、2YQM，在实际应用中电压切换的操作回路有"控制正电式"与"控制负电式"两种，但原理是一样的，以切换正电式为例（111 断路器），其动作流程如下：若 111 断路器预接于 4 号母线运行，且 4 号母线及母线电压互感器正常运行，互感器二次回路出口 1ZKK（4 号、5 号母线相同）闭合，其联动触点同时闭合，另外二次电压回路中的隔离开关辅助触点按照一次对应接入的母线同步闭合，这时"＋KM"正电送至 1YQM，以上描述的动作回路均设置于开关场；另外在控制室的切换屏上设置有切换继电器，以及由开关场引入的隔离开关的辅助触点 4G、5G，在电压切换回路中再一次引入隔离开关的辅助触点，使得二次回路接线异常复杂；当一次系统操作合上 111-4 隔离开关时，1YQJ 受电动作，将对应的电压互感器二次电压送入保护装置。

从原理图分析有如下值得注意的问题，若变电站某一电压等级存在多路进出线断路器时，则在每一路的断路器端子箱内均增加了复杂的电压切换二次回路，不利于运行维护；另外，由于这些电缆连接回路容易发生直流接地，给一、二次系统的正常运行也带来一定的影响，在当今的标准化设计中已取消了这一回路。而直接采用隔离开关的辅助触点切换操作正电源，如图 8-14 所示。

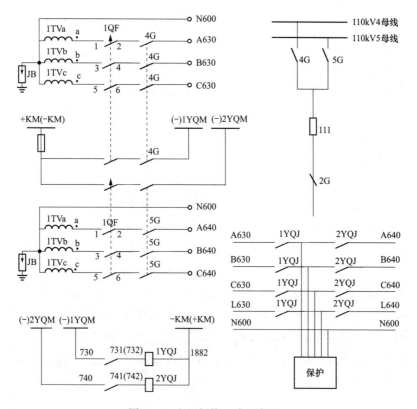

图 8-13 电压切换回路示意图一

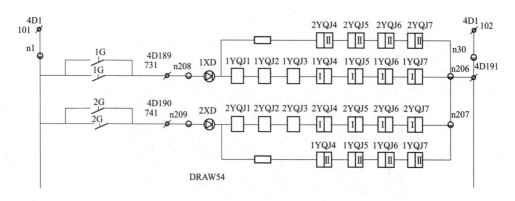

图 8-14 电压切换回路示意图二

关于切换回路应注意如下几个问题：

（1）为保证切换回路动作的可靠性，采取隔离开关两个辅助触点相并联的方式，防止由于单一隔离开关辅助触点接触不良造成切换失败。

（2）在配置双重化失灵保护的系统中，同一组切换电源与对应的失灵启动回路（失灵保护）电源必须保证由同一组蓄电池供电，确保失灵启动回路在全站两组蓄电池组任一故障失电时不会拒动。

（3）在某些情况下，可选用带保持的切换回路，有效防止切换回路断线造成保护装置失压。此种方式要求检修人员在检修作业开始之前，必须可靠检查电压切换继电器已可靠返回。

第四节　10kV 电压互感器

在前面的讲解中，已介绍了电压互感器的基本原理及二次接线的配置，本节主要介绍 10kV 配电系统中广泛使用的两种电压互感器，一种是三相五柱式电压互感器，另一种是可以有效防止铁磁谐振过电压产生的电压互感器；在这一部分内容的介绍中，重点是分析上述两类电压互感器的基本特点以及在系统中应用的优缺点。

1. 三相五柱式电压互感器

在 10kV 配电系统中，电压互感器多采用柜式安装方式，故而要求电压互感器本身的体积要小，三相五柱式电压互感器则是比较合理的选择。三相五柱式电压互感器的外形及原理接线图如图 8-15 所示。其内部铁芯结构是比较特别的，共有五个磁柱，三相电压的一次绕组和两组二次绕组按照相别分别对应的绕制在中间的三个铁芯柱上，其中的一组二次绕接成星形，反应各相对地电压和相间电压；另外，当小电流接地系统发生单相接地故障时，两边柱铁芯，可以构成零序磁通的通路，所以可以将另外的一组二次绕组"头尾相连"构成开口三角形接线，反应中性点的位移电压，用于电力系统的绝缘监察。

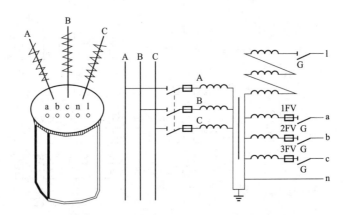

图 8-15　三相五柱式电压互感器外形及原理接线示意图

图中 a、b、c、n（n 为电压互感器一次侧中性点，即接地端）为其一次侧接线端子，a、b、c、n、l 为其二次电压输出端子，基本工作原理仍为电磁感应原理。

在这种电压互感器的现场应用中应该注意如下几个问题：

（1）二次侧零序电压引出端 l 是从 C 头引出的，即采用的是"N 接地，非同极性端接地"的接地方式。当在小接地系统中利用电容电流构成零序功率方向保护时，应予以注意选择合适的动作方向指向。

（2）二次侧电压绕组的 N 线可以在端子箱处直接接地，其原因是 10kV 系统中一般不配置距离保护，不会由于中性点产生相位移而造成保护误动作。但实际应用中，仍推荐就地经氧化锌避雷器接地而 N 线在控制室一点接地。特别是在配电自动化推进实施过程中，为了实现馈线自动化要求，必要时需要增加零序方向元件，开口三角形 N 线在控制室一点接地的要求就是必须的。

（3）在实际接线中，注意一、二次各端子的标示，确定正确的相序，由于这种互感器结构的原因，二次电压的相别是与一次侧的接入电压相对应的，只有采取正确的接线方式，才能防止电能表接线错误造成逆止或反转。

2. 防铁磁谐振的电压互感器

在小接地系统中，由于某种原因产生的电压不对称或其他系统干扰激励的影响，铁磁谐振现象时有发生，其产生的过电压对系统的绝缘造成极大的损坏，严重时还会使电压互感器发生烧毁或爆炸现象。在电网中也曾经发生过类似的情况，造成电压互感器烧毁、爆炸、低压侧母线全停的事故。为了消除或减少铁磁谐振发生的概率，实践中应用过多种方法，采用防止铁磁谐振的电压互感器就是其中的一种。

3. 铁磁谐振产生的原因及其预防措施

在电力系统中各元件都存在一定的对地电容，当某一系统中连接元件较多时，其等效对地电容的数值是相当可观的，另一方面当系统由于某种原因发生电压波动或非同期分量的增加使得电压互感器的铁芯发生严重饱和现象，这时电压互感器呈现非线性电感元件特性。正是由于等效电容、非线性等值电感元件的存在，为铁磁谐振的产生创造了条件。根据有关理论证明，对应 X_0/R（X_0 为谐振回路中综合电抗，R 为谐振回路中电阻）的不同比值范围，会发生不同频率的谐振现象。由于谐振的发生，会使某些元件的电压大幅升高，另外还会使电压互感器回路产生很大的谐振电流，烧毁电压互感器或造成二次熔断器熔断。

由于铁磁谐振现象对设备存在着较大的危害，系统采用多种手段予以消除，有在电压互感器开口三角形接线绕组并接消谐装置的，主要是利用从二次侧采集到的谐波分量，然后控制消谐装置的输出，产生相抵消的谐波电流，从根源上来说，这种情况是使得系统中的谐振频率电流为零，相当于谐振阻抗无穷大，具有最大的阻尼作用。有的在电压互感器一次侧或开口三角二次侧加装阻尼电阻的，主要是利用电阻的功率消耗减弱谐振交换的能量，以利于快速消谐。另外，本节所要讲到的大连第一互感器厂生产的 JSZF-10G 型防铁磁谐振的电压互感器的应用也是有效方法的一种。

其原理图及现场实际接线图如图 8-16 所示。

从图 8-16 中可以看出，其接线方式的特点是加入一个零序电压互感器，二次侧零序电压绕组有抽头，其他方面则与前述的各种电压互感器是一致的。

对于这种类型的电压互感器就其接线方面及特点做如下说明：

（1）二次侧接线端子上 a1、a2 是同一个点，b1、b2 是同一个点，在正常使用时只需从 a1、b1 引出二次绕组的两端即可。

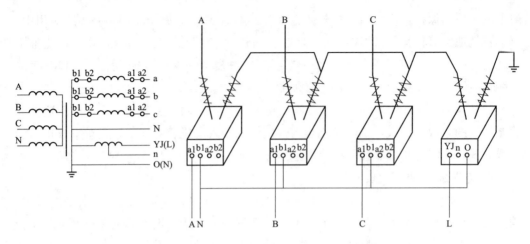

图 8-16　防止铁磁谐振的电压互感器接线图

（2）零序电压回路采用专用的零序电压互感器，接于 A、B、C 三相一次绕组的中性点上，二次侧零序电压直接引出，不必设置开口三角形回路。

（3）二次线圈接地方式的说明。对于零序互感器部分，厂家要求在二次零序绕组 n 端子接地，而按工程应用的设计要求，电压互感器 Yj 接二次电压系统中的 L，电压互感器二次的 O 端子接二次电压系统中的 N，且零序的 N 线与星形 N 线接地，这时不论 L、N 接 Yj 还是接 O 端子，总有零序互感器二次绕组的一半被短接的情况。所以根据自身的要求，零序互感器中 n 不接地，只将 O 接地，其二次电压为 100V。另外，在 L、N 中接入绝缘监视继电器时，XJJ 一端接地，同样符合设计要求。

（4）该互感器变比的选择：根据零序互感器二次绕组的不同接线，有如下两种变比关系：L、N 接 "Yj，n" 时，其变比为：$(10kV/\sqrt{3})/(100V/\sqrt{3})/(100V/\sqrt{3})$；L、N 接 "Yj，O" 时，其变比为：$(10kV/\sqrt{3})/(100V/\sqrt{3})/100V$。

（5）这种电压互感器对铁磁谐振的主要防止措施，从接线方式上考虑，电压互感器一次侧经零序互感器接地，使零序互感器起到了阻尼电阻的作用。另外，互感器本身结构和原理设计上也采用了相应的防止铁磁谐振的措施。

通过这一讲的学习，对电力系统保护、监控等二次系统的电压回路有了更深入的了解和认识，对其构成和设计要求进行了初步的学习。

第九章　现场作业安全措施

在继电保护的实际工作中，大部分工作集中在现场。现场工作涉及面广，与运行中的一、二次设备联系密切，尤其是在扩建工程中，与运行中的二次设备相联系的工作，存在着一定的危险因素。安全措施是对运行与试验系统进行有效的隔离，最大限度保证试验的安全。

第一节　人身伤害事故

相对于一次相关专业，二次专业工作过程中接触到的交、直流电压水平不高，无直接的人身危险，但部分工作场合也会存在发生人身伤害事故的风险，必须引起高度的重视，防止各种类型的人身伤害事故是现场工作的重中之重。现场容易发生的二次人员人身伤害事故主要有以下几种诱因。

1. 高压触电事故

（1）检修人员不认真执行工作票制度，误入带电间隔，误攀登运行设备，如主变压器本体、运行设备 TA。防范的重点在于工作前必须检查运行人员所做的安全措施是否正确、完备，运行设备与检修设备是否有明显标志分开。另一方面，带电设备区域内的工作必须两人同时进行，严防失去监护。

（2）设备停电检修不办理工作票或工作票中组织、技术措施不完善，检修与运行负责人不认真履行工作票手续，相关的组织措施、技术措施流于形式。

（3）工作负责人（监护人）不监护，直接参加工作或离开检修现场，未指定临时负责人，或离开现场前对临时负责人和工作班成员交代不清楚。

（4）检修人员擅自扩大检修工作范围，到临近带电设备（线路）上去工作。

（5）检修工作中途换人，不熟悉检修内容和工作范围。

2. 低压触电事故

（1）低压线路私接乱扯，电线绝缘破损漏电。

（2）电气工器具外壳未接地，不使用带地线的插头插座。

（3）使用不合格的行灯。

（4）操作低压设备不戴绝缘手套。

（1）～（3）这三条防范的要点是工作前必须可靠检查试验设备、试验接线是否正确。

3. 其他触电

在开关场或母线室用导电的金属或非绝缘用具测量距离或其他工作。

4. 高处坠落事故

（1）楼板手台有孔洞、电缆沟、地沟盖板掀开，在孔洞周围未装设遮拦和设备警告标志。

（2）在没有装设栏杆的梯子平台或脚手架上工作。

（3）使用不合格的梯子或不正确地使用梯子，梯子与地面的倾斜角过大或过小，将梯子安放在木箱等不稳固的支持物上就登高工作，或人在梯子上工作时移动梯子等。

（4）高空作业习惯性不系安全带。

5. 物体打击或机械伤害事故

进入有可能从高处坠落物体的现场不戴安全帽。

第二节　继电保护现场工作主要范围

对于继电保护的现场工作来说，继电保护的现场工作主要分为 3 个主要部分。

1. 开关场工作

开关场工作包括各类设备（如电流互感器、断路器等）的试验、传动、验收等工作。开关场一次设备运行情况复杂，带电危险点多，保证人身安全是主要注意事项，因此进行工作前必须对相关的工作范围内的一次设备运行情况进行确认。

2. 线路断路器及互感器工作

（1）检修断路器的实际位置，二次控制保险断开。

（2）检修断路器对应隔离开关的实际位置。

（3）检修断路器的接地开关及接地线是否完备，可能来电的各个方面是否全部可靠隔离。

（4）现场标识及围栏设置是否合理，完善。

3. 变压器、电抗器工作

（1）各侧断路器的实际位置，二次控制保险断开。

（2）各侧断路器对应隔离开关的实际位置。

（3）各侧断路器的接地开关及接地线是否完备，接地开关或接地线是否接地良好。

（4）现场标识及围栏设置是否合理，完善。

第三节　电流互感器的相关工作

现场工作中电流互感器的试验工作比较多，电流互感器的现场试验是对电流互感器的全面检验，测试极性、变比、伏安特性、绝缘、直阻。

电流回路是继电保护二次回路的重要组成部分，其接线的正确性至关重要，接线要把握好以下几个方面：

1. 极性

（1）线路保护。对极性有严格要求的保护，包括纵联电流差动保护、高频保护、距离保护、零序方向电流保护，所有与方向相关的保护功能要求电流互感器以母线侧为极性，引出二次绕组的同极性端接入继电保护装置。

（2）变压器保护。微机变压器保护所用电流互感器的极性一般以各侧母线为极性，从原理上来讲，主变压器差动保护只要各侧极性一致即可，即都以母线侧或都以线路侧为极性，但对复合电压闭锁方向过电流、零序方向过电流保护的方向元件来说，装置定义的"指向变压器"或"指向系统"都是以极性在母线侧前提得出的，否则装置的定值中，相关方向的指向必须与实际整定的相反，容易造成整定混乱。

对于主变压器中性点外附零序 TA 的极性，由于现在所有主变压器保护为了防止外附零序 TA 极性接反造成的保护误动或拒动，由各侧三相全电压、三相全电流自产的零序电压、零序电流进行方向判别，避免了由于正常时外附零序 TA 无电流流过，无法进行极性判别而造成的故障情况下的不正确动作。外附零序 TA 只用于零序方向电流保护中零序电流大小的判别量，而不参与方向的判断。推荐外附零序 TA 以变压器侧为极性，回路有变动后，可利用第一次接地故障时的保护录波波形进行判断。

间隙保护从原理上只反映间隙电压或间隙电流绝对值的大小，对方向性没有要求，故间隙 TA 没有极性要求。

（3）母线保护。母线保护根据不同类型的母差要求不同，主要是母联 TA 极性与元件 TA 极性的关系，

长园深瑞继保自动化有限公司的 BP-2B 母差保护要求，各元件 TA 极性端必须一致；一般母联只有一侧有 TA，装置默认母联 TA 的极性与Ⅱ母线上元件一致。这就是说，如果元件 TA 以母线侧为极性，则母联 TA 的极性以Ⅱ母线为极性二次绕组同名端引出。

RCS-915AB 母差保护要求，TA 同名端在母线侧，母联 TA 同名端在母线 1（即Ⅰ母）侧（装置内部只认母线的物理位置，与编号无关），这就是说，如果元件 TA 以母线侧为极性抽出，而实际 4 号母线对应装置定义的Ⅰ母线，则母联 TA 极性以Ⅰ母线为极性二次绕组同名端引出。

PMH-150 型母差保护要求母联 TA 提供两组二次电流，分别用于两条母线的差动元件，其极性与对应母线的元件极性相同。如果元件 TA 以母线侧为极性，那用于 4 母线的母联 TA 以 4 母线为极性；用于 5 号母线的母联 TA 以 5 号母线为极性，两组 TA 引出线极性相反。

2. 变比

需要说明的是，对于有抽头的二次绕组如果只取二次绕组的一部分使用，则其余的同一绕组的接线端子应悬浮，不接地，也不要与某一端子短接。必须保证使用的部分二次绕组中流过电流，其余部分绕组没有电流通过，因为短接的部分绕组的二次电流会对主磁路磁通产生去磁作用，造成变比的错误。

如果将某一抽头接地，那么加上端子箱的接地点就会产生 TA 回路的两点接地，而且是经过部分绕组的两点接地，通过两接地点→地网→两接地点的部分绕组构成回路，如图 9-1 所示，其电流同样会对主磁通产生影响，同样会造成变比的错误。这比单纯的 N 线两点接地条件更恶劣，因为在上述形成的附加回路中电流很大。

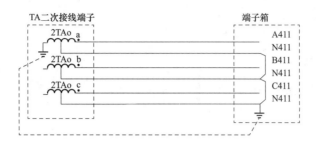

图 9-1 TA 二次接线端子盒内误接地电流流通路径

另外需要注意，设分接头后，随变比的改变，电流互感器的输出容量也改变，变比减小输出容量也减少。在改变变比时，应注意校验输出容量能否满足要求。

3. 伏安特性

伏安特性是检验一、二次绕组对应主磁路的饱和特性的实验，其基本的试验原理是由二次侧端子通入电流，测量对应二次端口的电压，由于通入的电流全部作为励磁电流，电压数据完整地反应了磁路的饱和变化特性曲线。继电保护要求电流互感器的饱和特性高，即在一次大故障电流的冲击下，二次电流仍能反映一次电流的变化（满足 10% 误差曲线）。而对仪表来说，正常运行情况下的准确性是第一要素，故障情况下如何降低对仪表的冲击是需要解决的问题，故要求测量用的电流互感器铁芯快速饱和，使电流互感器的二次电流值受到限制，测量表计不因巨大的短路电流而受到损坏。

因此不允许保护级的 TA 使用到测量回路，因为保护用的二次绕组误差大，不能满足测量精度的要求，在短路情况下，因保护用的电流互感器不饱和，大的短路电流有可能使测量仪表损坏。

同样不允许测量级的 TA 使用到保护回路，短路情况下，测量用的铁芯很快饱和，有可能引起继电保护装置的误动作。

最后，对于三相伏安特性的高低进行横向比较，以判别二次绕组有无匝间短路和一次导体有无分流。

4. 绕组分配

绕组分配的原则是尽量避免出现保护死区，反措规定保护接入的二次绕组分配，应特别注意避免当一套线路保护停用（为了试验）而线路继续运行时，出现电流互感器内部故障时的保护死区。

最好选用具有五组次级的电流互感器。绕组排列顺序如图 9-2 所示：

图 9-2 中绕组安排的好处在于：

（1）线路保护 1 与线路保护 2 动作范围基本相同，差别仅在于两个二次绕组之间的部分。

（2）失灵保护没有启动死区，保护 1 与保护 2 保护动作都能启动失灵。

（3）母差保护与线路保护有重叠，没有动作死区。母差保护用 TA 外故障由线路保护切除，母差保护 TA 至线路保护 TA 之间故障线路保护与母差保护均动作。

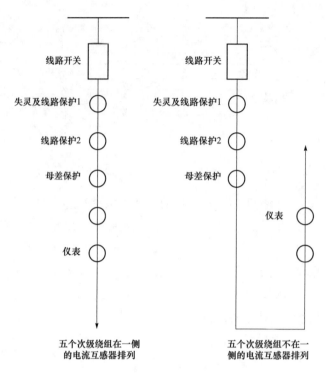

图 9-2 220kV 电流互感器绕组分配示意图一

（4）对于 TA 底部的故障只由线路保护动作切除本条线路，对于母差保护是区外故障，不会切除其余断路器，停电范围小。

对只有四个次级绕组的电流互感器，应以防止电流互感器底部积水故障造成保护扩大事故或使保护因此而产生死区的现象为原则，绕组排列顺序如图 9-3 所示。

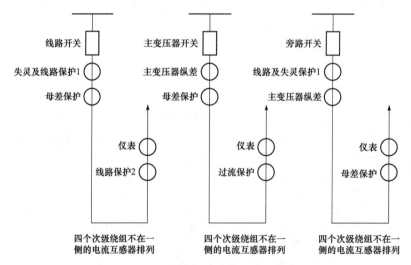

图 9-3 220kV 电流互感器绕组分配示意图二

对于图 9-3 所示的线路断路器，绕组的分配主要是考虑了 TA 底部故障时防止母差保护切除同一母线的所有断路器，缩小停电范围。缺点是当 TA 底部故障时，线路保护 1 与线路保护 2 的动作行为不一样，线路保护 1 判断为正方向区内故障正确动作，线路保护 2 如果对侧为空载线路或弱电源，则有可能拒动。对侧如果是强电源，保护 2 采集到的电流是对侧电源经整条线路阻抗提供的短路电流，而保护 2 采集到的电压是本侧电源经母线至 TA 底部故障点阻抗的电流，采集到的电压与电流判断为反方向故障（电流反向），仍然会拒动。

5. 二次端子接线柱

有的 TA 二次引出端子接线柱上螺丝固定金属标志牌标明组别，曾经发生金属标志牌短接引发变压器差动保护误动作的事故。所有接线完毕后，认真检查接线柱及其标志牌的间距，确保在可能的外界温度造成的热胀冷缩或扭力变化情况下有足够的距离。

另外，互感器的二次引线端子应有防转动措施，防止外部接线时造成内部引线扭断。接线时注意检查接线柱的坚固，接线时在保证可靠连接的情况下，用力适当，多线压接时线间加装垫片。

6. 电流互感器末屏接地

注意检查电流互感器末屏必须可靠接地，原因如下：油纸电容型电流互感器的一次绕组采用 U 字形结构，外部缠包电容层和绝缘层，绝缘层连续缠绕在一次绕组外。绝缘层外包电容层，电容层由铝箔制成，并且整体包缠。电容层外再包扎绝缘层，电容层和绝缘层交替包扎总共 20～30 层，最外一层电容层即为末屏层，其表面焊有铜引接线，引接至外部末屏小瓷套管。二次绕组套在末屏层外部。全部设备都浸在绝缘油中，外部套高压瓷绝缘罩。

互感器的主绝缘是十多层油纸电容，相当于十多层的电容串联而成，一次对地电压均匀地分布在各层之间，使互感器能够正常运行。如果电流互感器末屏未接地，末屏对地变成绝缘，由于交流电路的集肤效应，高电场主要移向靠近外皮的绝缘层上，使整个绝缘层上电压分布不均匀，在最外层产生高电压，由于小套管上绝缘距离较短，在几十千伏电压的长时间作用下绝缘击穿。如此级联绝缘击穿，直至发生一次绕组接地故障。因此，必须认真检查电流互感器末屏的接地问题。

第四节　配合一次设备工作需要注意的事项

1. 机构箱伤人

机构箱的接线过程中，有可能发生由于一次工作人员利用就地液压（或机械）按钮进行断路器操作时的伤人事件，因此，工作前必须设置专人监护，监护人必须高度警惕，加强与一次工作人员的沟通，断路器机构箱操作之前必须停止相关工作。

同时，保护二次人员传动断路器时必须防止伤及正在机构工作的一次人员，加强沟通。必须保证在整个传动过程中，断路器机构箱处必须有继电保护专业人员监护。

2. 引线伤人

断路器引线的拆除、接入工作过程中，二次工作人员避免在可能的坠落路径下工作。专责监护人必须尽职尽责，及时发现危险状况，发出指令避让。

3. 变压器、电抗器工作

变压器、电抗器的工作危险点主要是由于登高作业引发的高处坠落。变压器本体上工作点多，移动范围大，必须注意工作点转移过程中的安全防护。套管电流互感器的接线工作如果其工作倾角大，接线盒位于套管外侧，必须使用合格的梯子或系安全带。

寒冷季节或下雪后工作注意变压器本体表面的防滑，防止攀登梯子或在本体上摔伤。

跳闸型非电量：注意由瓦斯继电器至保护屏上电缆连接尽量减少中间过渡环节，因为瓦斯跳闸没有任何辅助判据，触点动作就跳变压器各侧断路器，因此如何防止其误动作历来是重点。

对于本体重瓦斯、调压重瓦斯等跳闸非电量启动的中间继电器，由于连线长，电缆电容大，为避免电源正极接地误动作，应采用较大启动功率的中间继电器，但不要求快速动作。

现场工作中必须注意气体继电器的防振工作，变压器本体保护应加强防雨、防振措施。

4. 隔离开关相关工作

隔离开关的辅助触点主要用于双母线接线系统的电压切换、母差保护元件运行方式判别、电气联锁等。

5. 电压切换

电压切换时，首先要保证的是在切换过程中，不会产生电压互感器的反充电或一次母联断路器在分位而将二次 TV 并列，即要防止同一间隔通过自身电压切换回路触点将一次没有连通的双母线误并列。由于双母线接线的变电站在倒闸操作时先将母联断路器合入，再进行各元件的倒闸操作，正确的方法是每操作一路元件，运行人员应认真检查相关保护的切换动作灯是否与一次实际一致，防止出现隔离开关触点未返回的情况下拉开母联断路器造成二次非预期的并列。

6. 母线保护运行方式判别

隔离开关触点对于母线差动保护至关重要，它决定某一个元件二次电流流入的差动继电器、某一条母线差动元件动作时是否切除该路元件。对于母差保护来说，一旦投运就没有机会再全面检查所有开入量，必须保证在装置投运时传动到位，对每一个隔离开关开入的唯一性和位置是否对应进行确认。

另外需要注意的是对于隔离开关触点动作时序有要求的母差保护，现场应进行详细的检查，如 PMH-150 母差保护要求隔离开关的主触头与辅助触点配合，要求二次电流回路先于一次隔离开关主触头切入母差电流计算回路，退出时晚于一次隔离开关主触头后退出母差电流计算回路。动合辅助触点用于将电流回路切入对应母线差动继电器，动断辅助触点用于将电流回路从对应母线差动继电器切出。而微机保护通过大差元件可以保证即使某一间隔离开关早于或晚于其对应的二次触点，也不会在大差元件中产生差流。

7. 母线保护运行特殊问题

对于各类型双母线或双母单分段的母线保护，有一个必须注意的问题，母联或分段的断路器辅助触点对于母联或分段电流是否参与运算有决定性的关系。对于继电保护专业来说，无法判断母联或分段断路器二次触点与一次主触头的时序关系。

各类型的母线保护，为了保证当母联或分段拉开时母联或分段断路器与 TA 之间的死区故障时母线保护的选择性，均会在母联或分段断路器拉开（断路器动断辅助触点接通）后，经一定短延时将母联或分段电流回路退出小差的运算，保证死区故障时只跳故障母线。另一方面，依靠上述母联或分段断路器动断辅助触点的打开（反映开头合闸）决定母联或分段断路器电流回路是否重新切入小差回路运算。实际对空母线的充电过程中，可能发生这样的情况，即一次断路器主触头已经合入，但二次动断辅助触点没有打开，此时若充电于故障母线，母联或分段电流未参与小差运算，造成大差有差流（因为发生了母线内部故障），运行母线小差有电流（因母联或分段的电流回路未切入小差），充电母线没有差流（因充电母线此时只有母联或分段一个电流，且此时由于未切入，没有差流），此时两条母线的复合电压闭锁条件均满足，造成的后果是运行母线全部跳闸。

鉴于上述情况，有必要在母联或分段充电时闭锁母差，给母联或分段的断路器辅助触点切换留出足够长的时间，可以采取两种解决方案：

（1）母线保护判断母联或分段目前各类型微机母线保护均内置母联或分段充电保护，为了利用母联或分段充电时闭锁母差的功能，应将母线保护中的充电保护投入，同时投入充电闭锁母差的控制字，在母联或分段充电时短时闭锁母线保护，避免误动。同时，相当于又增加了一套充电保护，加强了充电保护的安全性。

（2）利用母联或分段操作箱中的手合触点来外部闭锁母线保护，即只要母联或分段手合充电，即闭锁母线保护，直至手合触点延时打开。此种方案，由于由外回路实现，而非由装置逻辑实现，可靠性稍差，同时，在正常运行情况下由于触点误导通闭锁母线保护，目前也没有可靠的检验手段。

8. 保护室内工作

常规的保护校验工作的关键是安全措施的实施，做好与运行系统的隔离。

9. 检查运行值班人员所做的安全措施

（1）相邻运行屏位是否以明显标志与检修屏位隔离。

（2）同一屏内运行设备端子排和装置前、后面板是否以明显标志与检修设备隔离，必要时要求值班员补充安全措施，如以红布幔覆盖运行端子排。

（3）检修设备的所有压板及母差、失灵等公共保护相应跳闸压板是否退出。

（4）室外检修设备端子箱是否设置围栏，并设置出入口，相邻运行一次设备架构上是否有醒目标志牌。

第五节　继电保护安全措施

继电保护安全措施票必须严谨执行，对检修保护装置及其二次回路的任何改动都必须记录在安全措施票上（如更换控制字，临时拆、接短封线等）。

安全措施票必须有针对性及适用性，防止盲目套用标准安全措施票，必须结合实际工作进行缜密的编写。

同一元件保护屏数量较多时（如 500kV 线路停电时），推荐按屏位分页填写安全措施票，按行走路线编号，防止遗漏。

继电保护安全措施的编写必须具有超前性，对现场一、二次设备运行情况有深入的了解，需要注意以下几个方面：

（1）设备的运行情况。是否由旁路代路，线路 TV 是否带电，本线保护屏上专用收发信机是否处于运行状态，其相应切换开关严禁动用。

（2）各侧隔离开关的实际状态——电压切换是否动作。电压切换插件是否带自保持功能，隔离开关采用动合、动断两对触点时可能出现动断触点没有返回，电压切换插件仍在动作状态。

（3）TA 回路是否有和电流回路。和电流回路工作时，特别注意要防止短接 TA 二次绕组时，将运行设备的 TA 二次回路短接。

（4）相邻设备的运行情况。

1）相邻一次设备的运行情况——防止误入带电间隔；

2）相邻二次设备的运行情况——防止误碰；

3）具备与实际运行设备一致的图纸，明确带电部位和危险点。

对一些重要设备，特别是复杂保护装置或有联跳回路的保护装置，如母线保护，断路器失灵保护等的现场校验工作，应编制经技术负责人审批的试验方案和由工作负责人填写，并经技术负责人审批的继电保护安全措施票。

1. 防止触电

必须按照现场试验接线的规定进行工作，在进行试验接线前，应了解试验电源的容量和接线方式。配备适当的熔断器，特别要防止总电源熔丝越级熔断。试验用隔离开关必须带罩，禁止从运行设备上直接取得试验电源。在进行试验接线工作完毕后，必须经第二人检查，方可通电。

绝对禁止从相邻运行设备取得试验电源，交流所带负载有开关的打压电源，加热电源等，由于试验回路造成运行设备交流断电，会给安全运行带来隐患。

电流互感器的现场试验工作比较容易发生低压触电事故，注意以下几点：

（1）使用带有漏电装置的总开关，或装适当的熔丝，及时发现漏电点。

（2）由于从试验电源箱至试验地点距离比较远，长期使用条件下，连接导线容易有破损的地方，使用前注意检查。

（3）现场大型机械比较多，防止车辆碾轧导线造成漏电。

（4）所有与更换一次设备有关的工作班组和工作组内人员之间做好配合，拉、合电源开关应发出相应的口令。

（5）移动试验接线之前必须断电，重新通电之前进行详细的检查。

（6）加强配合，加强监护，绕组之间改动接线之前断电，确认无误后再通电。

2. 坠物砸伤

电流互感器的现场试验工作与一次安装更换工作同时进行，现场大型设备多，电气焊工具多，作为二次工作人员必须做好自身的安全防护。

严防习惯性违章，佩戴合格的安全帽，安全帽可以有效地减轻重物对人头部的危害程度。

工作现场必须有专人监护，及时注意各种器械的工作路径，及时中断工作或发出避让指令。

旧 TA 拆封、新 TA 安装起吊过程中，确保工作人员在可能的砸伤范围之外。

一次引线拆除、接入过程中，尽量避免从事 TA 二次端子接线工作。

TA 接线盒工作进行中，其他人员应避免站在 TA 架构下工作，防止工具砸伤。

3. 高处坠落

（1）正确使用安全带。TA 的安装位置高，高处作业必须系安全带，并掌握安全带的正确使用方法。

高处作业应使用安全带（绳），安全带（绳）使用前应进行检查，并定期进行试验。安全带（绳）应挂在牢固的构件上或专为挂安全带用的钢架或钢丝绳上，并不得低挂高用，禁止系挂在移动或不牢固的物件上〔如避雷器、断路器（开关）、隔离开关（刀闸）、电流互感器、电压互感器等支持件上〕。在没有脚手架或者在没有栏杆的脚手架上工作，高度超过 1.5m 时，应使用安全带或采取其他可靠的安全措施。

（2）正确使用梯子。梯子应坚固完整，梯子的支柱应能承受作业人员及所携带的工具、材料攀登时的总重量，硬质梯子的横木应嵌在支柱上，梯阶的距离不应大于40cm，并在距梯顶 1m 处设限高标志。梯子不宜绑接使用。

在户外变电站和高压室内搬动梯子、管子等长物，应两人放倒搬运，并与带电部分保持足够的安全距离。

在变、配电站（开关站）的带电区域内或临近带电线路处，禁止使用金属梯子。

4. 非全相回路

原有非全相由开关提供的合闸、分闸位置接点组合启动辅助保护非全相计时回路，再加上负序或零序电流等辅助判据出口。标准化设计要求非全相采用机构箱中的跳闸回路，即由非全相组合触点直接启动机构箱中的跳闸继电器，跳闸继电器触点接入操作回路实现非全相就地跳闸。因此，必须将保护屏上原有非全相跳闸回路拆除干净。

5. 压力回路

原有开关的压力闭锁回路由操作箱的相关重合闸、合闸、跳闸压力闭锁继电器实现，而标准化设计推广以来，开关的压力闭锁由开关机构中的相关继电器实现，必须注意拆除至操作箱的压力启动回路触点（保留重合闸闭锁触点，因为该触点主要作为重合闸功能判别的一个开入量，决定是正常情况下延时 200ms 放电还是重合闸启动后闭锁重合闸压力开入）。同时操作箱中必须消除操作插件中跳、合闸压力闭锁触点相关回路的影响。

6. 防跳回路

防跳目前主要有两种形式，机构箱防跳，操作箱防跳，目前采用机构箱防跳的开关很多，其优点是防跳回路只在合闸回路中设置，与跳闸回路没有联系。操作箱防跳采用跳闸回路电流启动、合闸回路电压保持的做法，对防跳继电器的动作时间、参数配合、电流与电压线圈间的极性有着严格的要求。

原有操作箱防跳改为机构箱防跳涉及的回路（以南瑞操作箱 CZX 为例）：

（1）短接操作箱合闸回路中电压保持继电器触点。

（2）拆除电压保持继电器启动连线。

（3）拆除跳闸位置继电器与合闸回路负极短封线，跳闸位置继电器负极接机构箱提供的串有防跳继电器动断触点和断路器位置动断触点的接入端。合闸回路仍按原端子接入。

（4）保留跳闸回路中防跳电流启动线圈及其接点回路，以完成跳闸自保持功能。

第十章 "继电保护和电网安全自动装置现场工作保安规定"解读

保安规定是在总结了大量的继电保护三误事故基础上制定的，是对现场工作的一些约束性规定，针对现场工作的流程，包括现场工作前的准备工作、现场工作、现场工作结束三个方面，针对继电保护工作中比较容易出问题的环节进行讲解。

一、现场工作至少应有两人参加

不论工作人员技术水平多高，工作责任心有多强，都必须严格遵守此项规定。尤其是在室外工作，发生触电事故时，及时的现场处理是挽救生命的关键。

现场工作必须强调配合，每个人都有注意力分散的时候，适当的提醒能及时将事故消灭在萌芽状态。每个人都必须有工作负责人的心态去进行现场工作，不能将所有的安全责任仅仅由工作负责人承担。要养成带电设备区工作前检查运行人员所做安全措施是否正确、完备，并经第二人检查，检查内容包括：

（1）检修断路器是否确实拉开。

（2）检修设备或工作范围是否在地线保护区内。

（3）攀爬一次设备前必须进行再确认，再检查，防止误登运行设备。

二、重要设备继电保护安全措施票

对一些重要设备，特别是复杂保护装置或有联跳回路的保护装置，如母线保护，断路器失灵保护等的现场校验工作，应编制经技术负责人审批的试验方案和由工作负责人填写，并经技术负责人审批的继电保护安全措施票。

（1）双母线接线的变电站。失灵保护是防止断路器拒动的近后备，失灵保护的特点是全站公用一套，因此失灵保护与各套保护之间都有联系，对于停电设备来说，失灵跳闸回路不是危险点，危险的地方在失灵启动回路，一旦误启动，将使运行的一条母线所有连接元件跳闸，其后果是相当严重的。

如图 10-1 所示，最根本的安全措施在于防止失灵的启动回路正电（4D165）与至失灵启动时间继电器的 05、07 相通。一般设置于辅助屏的"8LP9 失灵总启动压板"

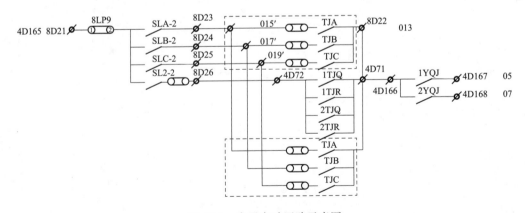

图 10-1　失灵启动回路示意图

是第一道防线，各保护屏上的分相失灵启动压板是第二道防线，只要将这些压板绝缘隔离好，就可保证失灵保护的安全。

（2）3/2接线的变电站。直流回路的防范重点在于失灵回路，但需把握一个总的原则，就是失灵启动的是本设备的相邻元件，基本启动顺序如下：

边断路器失灵启动相邻母线母差出口，启动中断路器失灵，启动边中断路器所代线路远跳（若是变压器则启动变压器总出口跳开变压器各侧断路器）。

中断路器失灵启动两侧边断路器失灵，启动中断路器两侧线路远跳（若是变压器则启动变压器总出口跳开变压器各侧断路器）。

带有线路电抗器断路器电抗器保护动作（除非电量保护）时首先启动电抗器断路器保护失灵，电抗器断路器失灵后，将跳本侧对应的两个线路断路器，并启动线路断路器失灵，还要启动远跳，跳所属线路对侧断路器。

设有电抗器断路器线路电抗器保护动作时，电抗器保护跳线路断路器并启动线路断路器失灵，同时要启动远跳，跳所属线路对侧断路器。

断路器保护装置的失灵启动回路多，在现场实际校验过程中，尤其是改造过程中，必须分清是哪一套保护装置启动的，避免造成误拆除或残留寄生回路。在扩建工程中，原先的不完整串扩充为一个完整串，容易发生失灵回路遗留问题，应重点关注。

三、试验用隔离开关必须带罩，禁止从运行设备上直接取得试验电源

试验用隔离开关必须带罩，是为了从根本上防止试验人员的低压触电事故，其实在现场试验过程中的带电部位很多，电源接线柱、各种试验设备的接线柱都是容易发生低压触电问题的地方，现场工作中防护问题必须引起重视。

四、对交流二次电压回路通电时，必须可靠断开至电压互感器二次侧的回路，防止反充电

（1）带电压切换的交流电压回路防范重点。二次交流电压带电部分是电压切换之前的母线电压，就是图10-2中的630、640，因此在现场试验接线之前，必须确认切换继电器没有动作，而且切换继电器的触点没有黏连现象。下面就对此进行实例讲解。

某220kV变电站220kV系统接线方式为专用母联双母线接线，为配合某一间隔TA更换工作，4号母线停电。由于母线上没有任何工作，运行人员未将停电母线上的TV隔离开关拉开，只是断开了TV端子箱TV二次开关，工作结束后，准备将停电母线送电，在合断开的4号母线TV端子箱内TV开关时，发现运行的5号母线TV端子箱内测控用TV小开关掉闸，检查相关电压回路无电后再合上5号母线TV电压小开关，4号母线TV端子箱内测控用TV小开关掉闸。

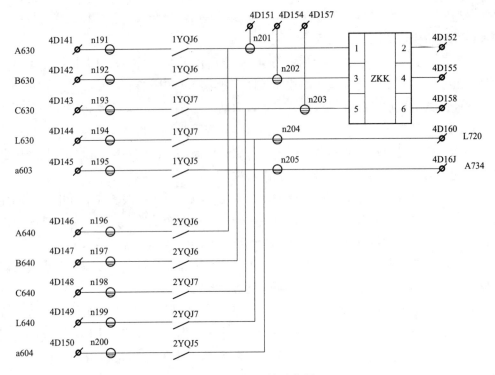

图 10-2　电压切换示意图

到达现场后，初步怀疑测控用电压回路存在反充电的现象，在 4 母线停电的状态下检查，4 母线测控 C 相电压带电，经查找，电能表电压切换屏中一备用切换插件 C 相电压切换触点黏连。

此种故障在正常运行过程中不易发现，原因在于此站 220kV 双母线并列运行，母联断路器正常处于合位，一次电压基本相同，只有在 220kV 分列运行方式下，且两条母线电压差别（如相角）较大的时候才可能引起 TV 开关掉闸。

（2）必须保证试验电源与运行交流电压完全隔离。必须拆开交流回路的接地点 N600，因为这是交流电压回路与运行系统相联系的公共点，做到试验电源与运行交流电压的完全隔离。防止产生试验电源对运行交流电压回路的干扰，具体干扰路径如图 10-3 所示。

由图 10-3 可知，未拆开的交流电压回路的接地点有可能会形成由试验电源供电的干扰路径，一般情况下该路径交流电阻较小（取决于流通的二次电缆的电阻及交流电压回路接地点与站用变压器 380V 接地点之间的地网电阻），会在此回路中产生较大的交流电流，其路径如下：

试验电源火线 L→装置交流电压 N 线→未拆开的交流电压连接片→交流电压 N 母线至本保护装置之间连接线→交流电压 N 母线→保护交流电压回路接地点→地网→站用变压器 380V 接地点→试验电源火线 N。

可见，上述干扰路径将会使交流电压 N 母线对地电位发生较大变化，间接地影响了全站的保护、测量、计量测量电压的准确性，与一次系统不对应，严重时会引起保护不正确动作。

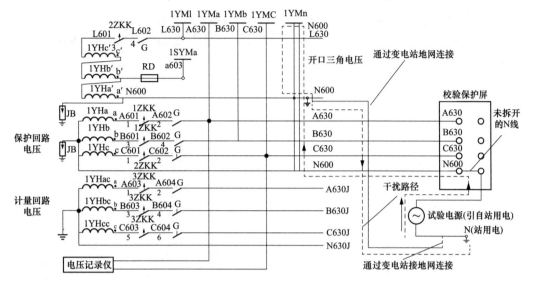

图 10-3 N600 未拆开形成的干扰路径示意图

五、电流互感器二次绕组短接注意事项

在电流互感器二次回路进行短路接线时，应用短路片或导线压接短路。运行中的电流互感器短路后，仍应有可靠的接地点，对短路后失去接地点的接线应有临时接地线，但在一个回路中禁止有两个接地点。

对本条内容，重点讲解两点：

（1）短封 TA 回路的正确方法。

1）如果处于共用 TA 回路的最末一级，短接的顺序是在可断端子外侧分别短封 A 对 N、B 对 N、C 对 N，对于有屏幕显示的装置，观察电流数值有明显分流后拆开连接片；对于无法直接观察电流变化的装置，使用钳形电流表观察短封点之后电流的变化。确认短封可靠后，拆开可断连接片。如图 10-4 所示。

恢复的顺序是先恢复可断连接片，观察电流数值有明显变化后，拆除短封线。

2）如果处于共用 TA 回路的中间环节，短接的方法为本装置入口可断连接片之前 A→本装置出口可断连接片之后 A，本装置入口可断连接片之前 B→本装置出口可断连接片之后 B，本装置入口可断连接片之前 C→本装置出口可断连接片之后 C，本装置入口可断连接片之前 N→本装置出口可断连接片之后 N。确认短封可靠后拆开入口连接片与出口连接片。如图 10-5 所示。恢复顺序与此相反。

（2）电流互感器二次接地点的重要性及唯一性。电流互感器二次接地点是保证人身及设备安全的重要措施，其重要性在于将二次电流回路的对地分散电容可靠短接，

第三步，断开可断连接片
1n201
1n203
1n205
1n207
1n202
1n204
1n206
1n208
1IA
1IB
1IC
1IN
1IA′
1IB′
1IC′
1IN′
第二步，利用装置界面或钳形电流表检查短封后分流情况
第一步，先短封各相对N

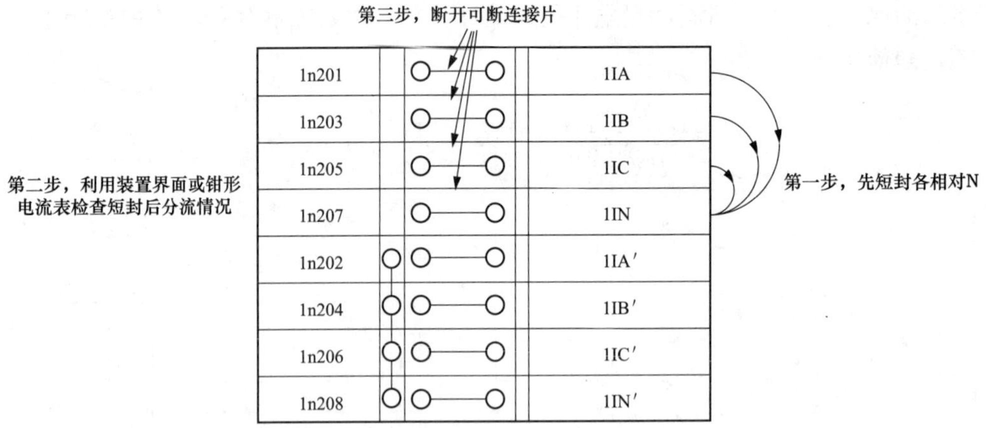

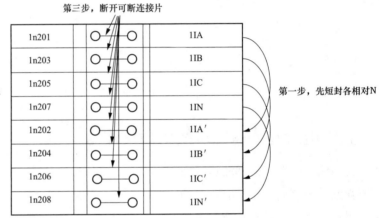

图 10-4 短封电流示意图 1（处于共用 TA 最末一级）

第三步，断开可断连接片
1n201
1n203
1n205
1n207
1n202
1n204
1n206
1n208
1IA
1IB
1IC
1IN
1IA′
1IB′
1IC′
1IN′
第二步，利用装置界面或钳形电流表检查短封后分流情况
第一步，先短封各相对N

图 10-5 短封电流示意图 2（处于共用 TA 中间）

防止二次回路借助 TA 一次侧电压 U_1→TA 一、二次绕组间的分布电容 C_1→二次电流回路对地电容 C_2 的路径引起对地电位的抬升，具体数值取决于一、二次绕组间的分布电容 C_1 与二次电流回路对地电容 C_2 的比值关系，二次回路对地电位 $U_2=U_1\times C_1/(C_2+C_1)$，二次回路接地相当于短接了 C_2，C_2 可认为是无穷大，可靠地保证了二次回路的对地电位为零。

TA 回路的两点接地有可能造成 TA 回路借助地网而形成的分流，最严重的后果是进入保护装置电流被完全短接，引起保护装置的不正确动作。

（3）对于 3/2 接线方式电流回路检验中需要注意的方面。3/2 接线的二次回路的特点在于交流电流回路共用回路多，一般顺序是短引线→主保护→后备保护→过电压及远跳就地判别装置→录波器（或其他安全自动装置），因此，现场工作中涉及电流回路的工作必须对电流的来龙去脉有透彻的了解。线路不停电而进行部分保护的校验工作时，电流回路的短封及拆除顺序必须有详细的试验步骤，曾经发生过后备保护校验的安全措施过程中由于 TA 回路短封方法错误造成共用电流回路的保护误动作的

事故。

六、保护工作结束后测试工作

在保护工作结束，恢复运行前要用高内阻的电压表检验连片的任一端对地都不带使断路器跳闸的电源。

下面说明一下跳合闸压板的对地电位的正确测量方法：

首先必须使用合格的高内阻直流电压表，测量前确保使用正确的挡位和量程，最危险的是用直流电阻阻挡测量，直接会造成直流接地。

其次，一般来说，保护的接线设计上要求压板的开口端在上，这样保证了压板可断连片在重力的作用下只能分开，而不能误合。压板的上口接至断路器的操作回路，压板的下口由相关保护的出口接点送来，这样，可以保证在正常情况下压板的活动端（即连片）不带电，最大限度地保证不误碰。如图 10-6 所示。

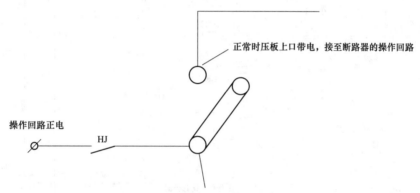

图 10-6 压板接线原理说明

跳合闸压板的上下口的对地电位不是固定不变的，针对不同的操作回路有不同的变化，下面就常用的两种类型的操作回路进行说明。

（1）110kV 及以下单操作回路。首先说明一点，跳、合闸操作回路中的 TWJ、HWJ 为电压型继电器，其阻抗在设计上比断路器机构中的跳、合闸线圈（TQ、HC）要大很多倍，所以无论跳闸还是合闸回路，正常 HJ、TJ 出口触点不动作时回路的整个电压几乎全部降落在 TWJ、HWJ 上，保证跳、合闸线圈承受的电位差远小于其动作电压。

当开关在合闸位置时，合闸出口压板（图 10-7 中 HJ 出口触点后的压板）的上口应是正电位（从 TWJ 继电器通过 HBJ 返回），下口在正常 HJ 没有接通的情况下没有电位；跳闸回路此时处于接通状态，跳闸出口压板的上口应是负电位，且是从开关机构回路返回的负电，下口在正常 TJ 没有接通的情况下没有电位，如图 10-7所示。

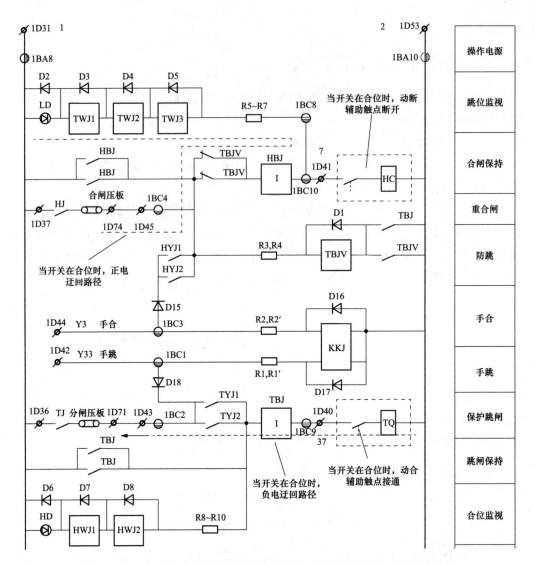

图 10-7 110kV 及以下断路器典型操作回路（断路器在合位时压板电位）

当断路器在跳闸位置时，跳闸出口压板（图 10-8 中 TJ 出口触点后的压板）的上口应是正电位（从 HWJ 继电器返回），下口在正常 TJ 没有接通的情况下没有电位；合闸回路此时处于接通状态，合闸出口压板的上口应是负电位，且是从断路器机构回路返回的负电，下口在正常 HJ 没有接通的情况下没有电位，如图 10-8 所示。

（2）220kV 及以上分相操作断路器。图 10-9 为双跳圈断路器操作回路的公共操作回路。

图 10-9 中，由于增加了 ZHJ（重合闸继电器）、TJR（三相跳闸不启动重合闸继电器）、TJQ（三相跳闸启动重合闸继电器），因此在保护屏上重合闸、三跳、永跳出口压板测量电位时，这些压板控制的继电器不是直接串于操作回路中，而是利用其接

点串接于 A、B、C 分相的操作回路中，所以这些压板上、下口电位与断路器状态没有关系，都是上口对地为负电位，这一点必须注意。

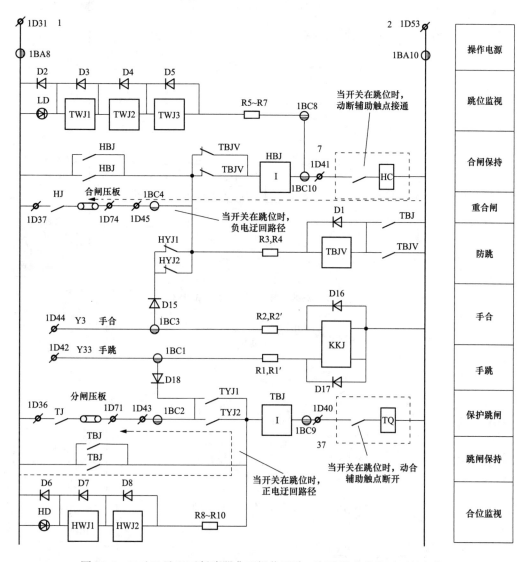

图 10-8 110kV 及以下断路器典型操作回路（断路器在分位时压板电位）

图 10-10 为断路器的分相合闸回路，由于断路器的分相合闸由手合继电器（SHJ）和重合闸继电器（ZHJ）的重动触点完成，出口处的压板测量方法同 110kV 断路器的合闸回路。

图 10-11 为断路器的分相跳闸回路，所不同的是，有分相跳闸压板和总跳闸出口压板，总跳闸出口压板的测量结果同 110kV 断路器的跳闸回路，同断路器的实际位置有关系，针对保护屏的分相跳闸出口压板，在总出口压板合入的情况下测量结果同 110kV 断路器的跳闸回路结果一致。而当总出口压板在断开状态下，无论断路器处于什么状态，压板上口电位均是正电位。

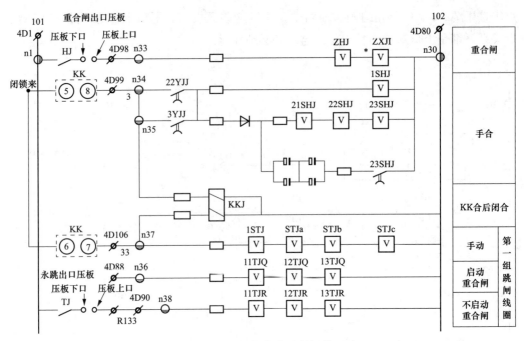

图 10-9　双跳圈操作箱公共操作回路

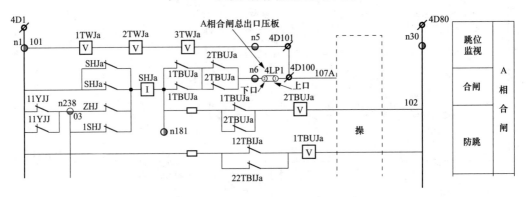

图 10-10　双跳圈操作箱分相合闸回路

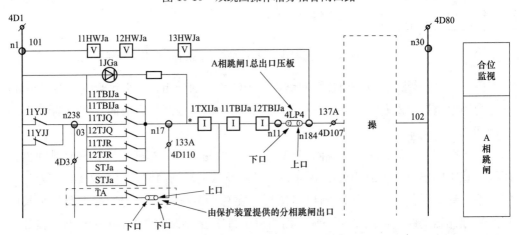

图 10-11　双跳圈操作箱分相跳闸一回路

七、运行中的高频通道工作注意事项

在运行中的高频通道上进行工作时，应确认耦合电容器低压侧接地绝对可靠后，才能进行工作。

对于继电保护的现场工作来说，耦合电容器相关的结合滤波器工作是与一次设备直接相连的危险工作。从电路学的基本理论可知，一旦耦合电容器的低压侧接地点失去，一次高压将直接串至接地点断开处，这对现场运行人员是一个极大的威胁。因此，对耦合电容器低压侧的接地点必须重视，针对现场运行中结合滤波器的接地开关可能由于生锈等原因造成的连接不可靠，为安全起见，除合上接地开关外，再并接足够强度的接地线。